KB124993

수포자를 위한

몰입 수학

수포자를 위한

몰입 수학

초판 1쇄 인쇄일 2018년 11월 12일
초판 1쇄 발행일 2018년 11월 19일

지은이 아네모네 페슬 · 라이너 빌츠바흐
옮긴이 강희진 **감수** 오혜정
펴낸이 김지영 **펴낸곳** 지브레인Gbrain
편집 김현주

출판등록 2001년 7월 3일 제2005-000022호
주소 04021 서울시 마포구 월드컵로7길 88 2층
전화 (02)2648-7224 **팩스** (02)2654-7696

ISBN 978-89-5979-571-0 (03410)

- 책값은 뒤표지에 있습니다.
- 잘못된 책은 교환해 드립니다.

아네모네 페슬 · 라이너 빌츠바흐 지음 강희진 옮김 오혜정 감수

CONTENTS

기초 수학으로
범인을 추리하라!

오늘은 하루 종일 햇빛과 먹구름이 번갈아가며 하늘을 뒤덮었다. 간간이 신선한 바람이 불기도 했다. 이제 막 돋아나기 시작한 새싹들이 바람에 흔들리며 바스락 소리를 냈다. 하지만 그것도 잠시뿐, 바람은 금세 잦아들었다. 룰루의 몸 상태도 날씨에 따라 시시각각 변했다. 방금 전까지만 해도 추워서 덜덜 떨다가 몇 초 뒤에는 어느새 온몸이 땀으로 흠뻑 젖어 버렸다.

"어휴, 점퍼를 걸쳤다가 벗었다가, 스웨터를 입었다가 벗었다가……, 대체 이게 뭐람! 4월 날씨는 너무 변덕스러워!"

룰루는 나뭇가지에 파릇파릇 돋아난 보드라운 잎사귀 하나를 주먹으로 툭 건드렸다. 나즈막히 달려 있던 가지 하나가 길을 걷던 룰루의 이마를 스치자 공연히 거기에 대고 화풀이를 한 것이었다.

룰루의 뒤를 따라가던 니나는 손가락을 쫙 펴서 입을 가린 채 짐에게 속삭이듯 말했다.

"저기 있잖아, 이번에도 '가'를 받았대."

짐은 '어이쿠!'라는 눈빛으로 니나를 쳐다봤다.

"뭐야, 지퍼도 고장났잖아! 무슨 이딴 지퍼가 다 있어!"

룰루가 고장난 지퍼를 어떻게 해 보려고 안간힘을 썼다.

"난 정말이지 지퍼가 너무 싫어! 아냐, 정말 내가 싫은 건 뭐냐면 그건 바로……."

미처 말을 끝내지 못한 채 룰루가 갑자기 왈칵 울음을 터뜨렸다.

"아마도 산수겠지."

짐이 룰루의 마음을 읽었다.

"야, '산수'라고 말하지 마!"

룰루가 짐을 노려보았다.

"산수가 아니라 수학이라고, 수학! '산수'라고 말하면 그 과목이 얼마나 끔찍하고 역겨운지 아무도 모를 거야. 그러니 반드시 '수학'이라고 말해야 해, 알았어?"

니나와 짐은 이 상황에선 무슨 말을 해봤자 위로가 되지 않을 것을 알고 있었고, 그래서 결국 룰루가 이를 악물고 고장난 지퍼를 밀었다 당겼다 하는 모습을 마냥 지켜보기만 했다. 하지만 지퍼는 정말로 심하게 고장이 났는지 도무지 열릴 기세가 아니었고, 룰루는 결국 포기한 채 반쯤 벗다 만 점퍼를 티셔츠를 벗듯 머리

위로 끌어 올려서 벗어 버렸다.

"아무리 생각해도 이해가 안 돼!"

룰루가 버럭 소리를 지르며 점퍼를 어깨 위에 홱 걸쳤다.

"그 망할 놈의 지퍼는 왜 고장났고 넌 왜 산수 점수가 그 모양인지 이해가 안 된다는 말이지?"

짐이 또 다시 룰루의 말을 거들었다. 하지만 자신의 실수를 금세 깨달은 짐이 얼른 이렇게 덧붙였다.

"아, 미안, 산수가 아니라 수학이랬지!"

"맞아, 둘 다 정말 신경질 나!"

룰루가 말했다.

"니나, 너도 이해가 안 되지? 우리가 얼마나 수학 공부를 열심히 했니, 너랑 나랑 함께 말이야, 그런데 대체 어떻게 그런 점수가 나올 수 있어!"

니나는 힘차게 고개를 끄덕이며 룰루의 말에 동의했다.

"진짜 열심히 공부했는데 문제지를 받아들고 보니 정말이지 아는 문제가 하나도 없었어. 흰 건 종이고 까만 건 글씨라는 것 외에는 아무것도 모르겠더라니까! 휴, 이번 학기에만 벌써 두 번째로 '가'를 받았어!"

이번만은 다른 결과를 보고 싶어 노력했지만 여전히 같은 결과에 절망한 룰루가 손등으로 눈물을 훔쳤다.

“입은 바싹바싹 마르고 심장은 쿵쾅쿵쾅 돌이라도 얹은 듯 숨쉬기도 힘들고··· 속이 상해서 머리도 어지럽고 금방이라도 쓰러질 것만 같아, 어흑…….”

니나와 짐은 얼른 달려가 룰루를 부축해서 집까지 데려다주었다.

문제 1

그렇다, 우리의 주인공 룰루는 이번 학기에만 벌써 수학 과목에서 두 번째 ‘가’를 받았다. 게다가 불쌍한 룰루는 앞으로 훨씬 더 어려운 문제를 풀어야만 한다. 하지만 룰루에게도 희망은 있다, 이 책을 읽는 독자들이 룰루를 많이 도와줄 테니 말이다! 자, 룰루를 돕기 위해 우선 각자 자신의 수학 실력부터 점검해 보자. 첫 문제이니만큼 가볍게 시작해 보자.

다음 네 가지 연산을 끝낸 뒤 마지막으로 네 개의 정답을 더해 보라. 그것이 바로 이번 문제의 최종 정답이다.

1. $47+94=$ ______
2. $24-37=$ ______
3. $12\times13=$ ______
4. $304\div16=$ ______

"아무래도 나한테 수학 실력이 절대 늘지 않게 방해하는 귀신이 들러붙은 것 같아요. 아무리 애를 써도 숫자랑 공식들이 내 주변을 뱅글뱅글 돌기만 한단 말이에욧!"

룰루가 저녁을 먹다가 푸념을 늘어놓았다.

룰루는 네 살 때 이미 글을 깨우쳤고, 그 이후 많은 책을 읽었다. 그런데 책을 너무 많이 읽은 탓인지 룰루의 언어 선택은 매우 독특해, 가끔 사람들은 룰루의 말을 이해하지 못했다. 하지만 룰루의 부모님은 언제나 룰루가 무슨 말을 하고 싶은지 금세 알아차렸다.

"흠 우리 딸이 이번에도 수학에서 '가'를 받았나 보네!"

아빠의 말이 끝나기도 전에 룰루는 입을 삐죽거렸다.

"참, 최근에 재미있는 말 하나를 본 적이 있어. 무슨 말인지 궁금하지 않니?"

룰루의 아빠는 '걸어다니는 명언 모음집'이라 해도 좋을 만큼 수많은 인용구들을 줄줄 꿰고 있었다. 하지만 룰루는 감동적인 명언을 듣고 싶은 마음이 없었다. 그래도 아빠의 기분을 맞춰 드리고 싶은 마음에 그저 어깨만 한 번 으쓱했다.

"많은 이들이 수학을 접할 때면 마치 아리스토텔레스의 비극을 읽은 뒤에 느끼는 것과 똑같은 감정을 느낀대. 동정심과 공포감을 동시에 느낀다는 거지! 복잡한 문제들을 풀어야 하는 사람들을 생각하면 동정심이 느껴지고, 언젠가는 그 문제를 자기도 직접 풀어야 하는 '위험한' 상황을 떠올리면 공포감이 느껴진다는 거야!"

아빠의 말에 룰루는 잠시 생각에 잠겼다가 고개를 흔들었다.

"그 말이 백퍼센트 옳다고는 할 수 없어요. 내가 푸는 수학 문제들은 단순히 위험한 정도가 아니거든요? 이건 정말이지 대재앙이에요, 대재앙! 난 학교에 입학한 이후부터 지금까지 단 한 번도 수학이 좋았던 적이 없어요. 솔직히 말하자면 수학이 너무 너무 싫어요!"

룰루로서는 매우 심각한 고백이자 선언이었지만, 룰루의 아버지는 그저 껄껄 웃으며 무릎을 탁 칠 뿐이었다.

"사실 그 명언은 너보다는 내가 더 새겨들어야 할 문장이란다. 그러니 너무 부담 갖지는 말렴!"

"이미 부담이란 부담은 다 주셔 놓고선 뭘!"

룰루가 뾰로통해져 말했다.

"룰루야, 수학에 대한 두려움을 경외심으로 바꿔 놓을 좋은 방법이 있어."

부녀의 대화를 들으시며 웃고 있던 엄마가 대화에 참여했다.

"전문가한테 도움을 받는 거야. 여보, 당신은 어떻게 생각해요?"

"설마 지금 과외를 받으라고 말씀하시는 건 아니죠?"

룰루가 손에 잡고 있던 빵을 접시에 내려놓으며 물었다.

"니나한테 배우면 돼요! 니나는 이번에도 수학 과목에서 '수'를 받았어요. 짐도 '우$^{+}$'를 받았으니 짐한테 배워도 된다고요. 어휴, 과외라니, 진심으로 저한테 수학 과외를 시키시려는 건 아니죠?"

룰루는 손바닥으로 식탁을 쾅 내리쳤다.

"룰루야, 잠깐 아빠 말 좀 들어봐."

아빠가 다시 심각한 표정으로 말씀하셨다.

"니나가 너한테 가끔씩 수학을 가르쳐주고 있다는 건 우리도 잘 알아. 짐도 마찬가지고. 그런데 벌써 몇 년 동안 친구들에게 받은 도움이 네가 생각하기에 효과가 있었던 것 같니?"

룰루가 반박하려고 하자 아빠는 양손을 아래위로 흔들며 룰루를 저지했다.

"너도 알잖니, 이번 학기에만 벌써 두 번째 '가'잖아? 게다가 넌 엄마나 아빠가 가르쳐주겠다고 해도 늘 거부하잖아? 이유가 뭐랬지? 엄마랑 아빠는 너무 쉽게 화를 낸다고 그랬었나? 너무 쉽게 소리를 지르고, 인내심이 없다고도 했었지?"

아빠는 눈썹을 최대한 위로 끌어올리며 엄한 표정을 지었다.

"하지만 그건 사실이 아니야. 실은 넌 그저 우리랑 공부하기가 싫은 거야!"

물론 아빠의 말이 틀린 건 아니었다. 엄마나 아빠랑 함께 공부하면 두 분 다 너무 빨리 화를 내시는 통에 계속 공부하고 싶은 마음이 도저히 들지 않았다. 하지만 부모님이 모르는 사실이 한 가지 있었다. 그건 바로 룰루의 인내심도 금세 바닥을 드러낸다는 사실이었다. 작은 일에 버럭 화를 내는 룰루의 성격은 룰루네 가족의 내력인 것이다. 그러다 보니 엄마나 아빠랑 공부를 하다 보면 결국에는 끝이 좋지 않았다.

“그러니까 결론은 더 이상 토를 달지 말라는 거야! 주변에 좋은 선생님이 있는지 내가 한 번 알아볼게.”

오이 한 조각을 베어 물며 엄마가 선언하자, 룰루는 그저 나지막이 한숨만 내쉴 뿐이었다.

문제 2

‘사칙연산’에 속하는 셈의 종류가 무엇인지 나열한 다음, 아래 수식을 계산해 보자.

$[(12+17)\times 4+16]-(12-8)=$

"어젠 대체 어딜 갔었던 거야? 축구 훈련 날인 걸 까먹었던 거니?"

그로부터 2주 뒤 등굣길에 버스 정류장에서 룰루와 마주친 니나가 룰루에게 핀잔을 주었다.

"참, 그랬지!"

룰루가 이마를 탁 쳤다.

"어휴, 어떡해!"

"어떻게 그걸 까먹을 수 있어! 이제 드디어 다시 야외 훈련이 시작되었어! 어제 하이코가 나한테 뭐라 그런지 알아? 다음 경기부터는 나도 주전으로 뛸 수 있대! 진짜 잘 됐지?"

한껏 신이 난 니나가 팔꿈치로 룰루의 옆구리를 툭 쳤다.

"응……."

니나의 갑작스러운 공격에 비틀거리며 룰루는 힘없이 대답했다. 그 바람에 그때 마침 코너를 돌아 돌진하던 짐과 부딪치고 말았다.

"뭐야, 룰루, 왜 그래? 너 날밤 샜냐?"

짐이 농담을 건넸다.

"됐거든? 그냥 날 좀 내버려둬!"

룰루가 으르렁거렸다. 화가 난 마음에 괜스레 길거리에 얌전히 놓여 있던 돌멩이를 뻥 걷어차기도 했다.

"대체 왜 저러는 거야?"

짐이 이해할 수 없다는 눈빛으로 니나를 쳐다보았다.

"이번에도 또 내가 절대로 알면 안 되는 여자들끼리의 얘기인 거야?"

짐이 삐친 듯한 표정으로 물었다.

최근 들어 짐은 니나와 룰루가 자기만 쏙 빼고 중요한 얘기를 하는 듯하면 바로 삐치곤 했다. 물론 니나와 룰루가 둘이서만 속닥거리는 걸 이해해줘야 한다는 생각도 들었다. 어디까지나 자기는 남자고, 니나와 룰루는 여자였으니 말이다. 그래도 짐한테 니나와 룰루는 둘도 없이 친한 친구들이었다.

짐은 유치원 때부터 그 둘과 친하게 지내왔다. 얼추 계산해보니 그때부터 지금까지 니나와는 9번, 룰루와는 11번 결혼식을 올렸던 것 같다. 물론 전부 소꿉장난에 불과했지만 만약 니나와 룰루가 그 수많은 결혼식들을 조금이라도 진지하게 생각했다면 자기만 그렇게 '왕따'를 시킬 수는 없었다. 적어도 짐이 느끼기에는 그랬다. 그 둘은 가끔씩 서로 킥킥거리며 뭔가를 속삭였는데, 무슨 얘길 하는지 짐에게 절대 알려주지 않았다.

'쳇, 뭐, 그런다고 내가 눈썹 하나 까딱할 줄 알아! 나한텐 라스와 야콥이 있다고! 걔들은 적어도 너희들처럼 날 왕따시키지는 않

는다고!'

라스와 야콥은 같은 반 남자애들이었다. 짐은 니나나 룰루 때문에 섭섭할 때면 라스나 야콥을 찾아가 지극히 '정상적인' 대화를 나누곤 했다!

"정말 무슨 일인지 나한테 말해주지 않을 거야?"

짐이 다그쳤다.

"쉬잇!"

룰루가 손가락을 입술에 갖다 대며 말했다.

"나, 지금 생각 중이야!"

"무슨 생각?"

짐이 끈질기게 파고들었다.

"뭐냐면 말이지……."

룰루가 걸음을 멈췄다.

"아무래도 내 스케줄 상에 문제가 좀 생긴 것 같아. 축구 연습이 매주 화요일이잖아, 그치? 그런데 화요일마다 난 수학 과외 수업을 받아야 하거든?"

"그래서 문제가 뭔데? 과외를 다른 날로 미루면 되잖아?"

모든 문제를 늘 쉽게만 생각하는 짐이 이번에도 단순하게 대답했다.

"그럴 수만 있다면 얼마나 좋아!"

룰루가 고개를 가로저었다.

"문제는 그 과외 수업을 나 이외에도 다섯 명이 함께 듣는다는 거야. 남자애도 있고 여자애도 있는데, 다들 수학 실력이 최소한 나 정도는 되는 수학 천재들이지, 히히. 그러니까 내 말은, 사람이 많은 만큼 시간을 조정하기도 어렵다는 거야. 뭐, 그냥 샛길로 빠져버리는 방법이 제일 좋긴 하지만 그게 가능하기나 하겠니? 우리 엄마아빠한텐 뭐라고 말해? '어머니, 아버지, 죄송하지만 축구 훈련이 더 중요하니까 오늘만큼은 수학 과외를 빠져야 되겠습니다'라고 말할까? 너희 엄마아빠라면 허락해 주시겠니? 절대 안 될걸! 정말 수학 과외를 빠지고 싶다면 그보단 훨씬 더 기발한 거짓말이 필요해."

룰루는 한숨을 내쉬며 입을 다물어 버렸고, 뾰족한 수가 없는 니나와 짐은 학교에 도착할 때까지 숙제와 선생님 그리고 반 친구들에 대해 이런저런 이야기를 나누었다.

첫 번째 쉬는 시간이 되었지만 아직도 룰루가 상당히 저기압인 것 같아서 니나와 짐은 말을 걸 생각조차 하지 않았다. 그리고 두 번째 쉬는 시간이 되어서야 비로소 할 말을 생각해냈다.

3 문제

이번 문제는 2의 제곱에 관한 것으로, 룰루의 지난 번 수학 숙제에 나왔던 문제이다. 다음 네 문제를 푼 다음 각 문제의 정답을 더하면 이 문제의 정답이 된다!

1 $2^3=$ ____________

2 $2^5=$ ____________

3 $2^6=$ ____________

4 $2^{10}=$ ____________

"이제 말해 줄 때도 된 거 아냐?"

니나가 빵을 한 입 덥석 물며 말했다.

"그 수학 과외 말이야. 해 보니까 어때, 재미있어?"

"과외가 재미있냐고? 장난해, 지금? 너 같은 범생이나 할 그 따위 질문을 나한테 하면 안 되지!"

니나가 먹고 있던 빵을 빼앗아 든 뒤 룰루가 가장자리를 갉아먹으며 빈정거렸다.

"난 범생이 아니야! 물론 그걸 증명할 길은 없어. 내가 따분한 범생이가 아니라는 걸 증명하기 위해 일부러 수학에서 '가'를 받을 순 없잖아?"

니나가 룰루가 쥐고 있던 빵을 다시 빼앗아 들며 말했다.

"뭐야, 여자애들 싸움이야?"

쉬는 시간을 맞아 운동장에서 축구공을 차던 짐이 어느새 룰루와 니나 앞에 모습을 드러냈다.

"뭐라고!"

니나와 룰루가 동시에 합창을 했다. 적어도 그 순간만큼은 입뿐 아니라 마음도 하나였다.

"내 수학 과외에 대해 진지한 회담을 나누고 있었을 뿐이라고!"

룰루가 덧붙여 설명했다.

"그래서 그게 어쨌다는 건데? 수학 과외는 할 만하단 말이야

뭐야?"

짐이 물었다.

"뭐, 선생님은 나쁘지 않아."

룰루가 해명을 시작했다.

"나이가 좀 지긋하신 분이긴 한데, 그래도 괜찮아. 뭐, 그냥 그런 수학 선생님인데 있지, 정말, 정말 인내심이 많으셔. 성격이 정말로 차분하시다니까! 학생들한테 용기도 많이 주셔. '아무래도 이번 답은 틀린 것 같구나. 뭐, 괜찮아. 차근차근 다시 생각해 보면 정답이 뭔지 알아낼 수 있어'라면서 말이야. 정말 웃긴 건, 그 뻔한 말이 실제로 도움이 된다는 거야!"

"잘됐네!"

니나도 진심으로 기뻐했다. 사실 니나는 룰루의 수학 성적 때문에 걱정이 이만저만이 아니었다. 그래서 니나의 부모님께 어떻게든 니나의 수학 성적을 끌어 올릴 방도를 찾아보시라고 부탁도 할 생각이었다. 룰루와 앞으로도 계속 같은 학교를 다니려면 룰루의 수학 성적을 꼭 끌어올려야 했다.

"잘된 거긴 하지……."

니나가 생각에 잠겨 코를 문지르며 말했다.

"화요일이 축구 연습날만 아니라면 말이지! 진짜로 만약 그날이 축구부 훈련날만 아니라면 샤르테 선생님 수업에 훨씬 더 잘 집중

할 수 있을 것 같아!"

"샤르테 선생님이라고?"

짐의 눈이 휘둥그레졌다.

"과외선생님 이름이 '샤르테'라고?"

"응, 근데 왜 그렇게 놀라?"

룰루가 니나가 먹다 남은 빵을 다시 낚아채며 물었다.

"흠, 잠깐만 있어 봐!"

짐이 말도 끝나기 전에 운동장을 가로질러 자기 형한테로 달려갔다. 짐의 형인 한네스는 운동장 건너편에 설치되어 있는 탁구대 위에 앉아 친구들과 잡담을 나누고 있었다. 11학년인 한네스는 학교에서 동생인 짐과 마주치는 것을 그다지 탐탁찮아 하는 편이었다. 동생이 자기를 귀찮게 하는 게 싫다나 뭐라나……. 하지만 아무리 피해도 어쩔 수 없이 마주치는 때가 몇 번은 있기 마련이었다.

4 **문제**

수를 표현하는 방법에는 여러 가지가 있다. 우리가 흔히 쓰는 수는 10의 거듭제곱을 이용한 십진법으로 나타낸 것이다.

$$5479=5000+400+70+9$$
$$=5\times10^3+4\times10^2+7\times10^1+9\times10^0$$

또 $2^0(=1)$, $2^1(=2)$, $2^2(=4)$, $2^3(=8)$, …의 2의 거듭제곱을 이용한 이진법으로 수를 나타낼 수도 있다.

$$1011_{(2)}=1\times2^3+0\times2^2+1\times2^1+1\times2^0$$

이진법으로 나타낸 수는 십진법으로도 나타낼 수 있다.

$$1011_{(2)}=1\times2^3+0\times2^2+1\times2^1+1\times2^0$$
$$=1\times8+0\times4+1\times2+1\times1$$
$$=11$$

그렇다면 이진법으로 나타낸 수 $1101_{(2)}$를 십진법으로 나타내면 얼마일까?

한네스는 짐을 보자마자 얼굴을 오만상으로 찌푸렸다. 룰루와 니나는 그 모습을 보면서도 태연했다. 어쩜 딱밤 한 개 정도 하사받을지도 모르고!

그런데 이번에는 신기하게도 한네스 오빠와 짐이 다정하게 얘기를 나누는 것 같았다. 심지어 한네스 오빠가 룰루와 니나를 향해 윙크까지 했다.

"뭐야, 한네스 오빠, 오늘따라 좀 이상하지 않아?"

니나가 말했다.

"그치, 네가 봐도 이상하지? 뭘 잘못 먹었나!"

룰루도 수상쩍은 마음부터 들었다.

둘 다 도대체 이게 무슨 일이냐 싶은 생각이 들었지만, 어쨌든 화를 내는 건 아니니 다행이라 생각하며 얌전히 짐이 돌아오기만 기다렸다. 짐은 한네스 오빠와의 대화를 금세 끝내고 운동장을 가로질러 다시 룰루와 니나가 서 있던 곳으로 돌아왔다.

"흐흐흐 궁금하지?! 무슨 이야기했는지! 뭐 더 궁금해지라고 해도 되지만 마음이 바다 같은 나이니 이야기해 주지!"

"쳇, 우리가 궁금해 하는지 아닌지 네가 어떻게 알아? 뭐, 어쨌든 어서 말해 봐!"

룰루가 조바심을 내며 짐을 재촉했다.

"들으면 둘 다 깜짝 놀랄 걸! 과외선생님 이름이 샤르테라고 했지? 그분이 이 학교에서 근무했던 교사였다면 어쩔래?"

짐이 의기양양한 표정을 지었다.

"2년 전쯤까지 샤르테 선생님이 이 학교에서 일했대. 우리가 이제 막 입학했을 때쯤일 걸! 샤르테 선생님은 1학년 담당이 아니었고, 그래서 우린 그 선생님과 마주칠 일이 없었어. 그런데 그 이름을 듣는 순간, 어디서 많이 들어 본 이름 같다는 느낌이 드는 거야. 알고 보니 형의 담임선생님이 바로 샤르테 선생님이었어!"

"진짜?"

룰루도 깜짝 놀라 반문했다.

"한네스 오빠의 담임선생님이었던 분이 지금 내 과외선생님이라는 거야? 확실해? 근데 왜 그만두셨대? 무슨 특별한 이유라도 있었대?"

"그건 나도 몰라."

짐이 대답했다.

"형 말에 따르면 어느 날 갑자기 사라지셨대."

"학기 중에 말이니?"

룰루의 눈이 더더욱 커졌다.

"그치, 네가 생각해도 이상하지?"

짐은 룰루의 반응이 상당히 마음에 들었다.

"사실 그 당시 우리 엄마아빠가 몇 주 동안이나 의아해 하셨던

게 기억나. 샤르테 선생님이 어느 날 갑자기 관두신 뒤 형네 반은 담임선생님을 못 찾아서 문제가 많았거든. 뭐, 결국에는 새 선생님이 오시긴 했지만, 어쨌든 그 당시 문제가 많았던 건 사실이야. 그래서 형 반 친구들이나 학부모들도 대체 무슨 일이 일어났는지 정말 궁금해 했었던 걸로 기억해. 하지만 결국 아무도 그 비밀을 캐내지 못했어. 지금 이 순간까지도 그 당시 무슨 일이 일어났는지 아는 사람이 한 명도 없을걸!"

"음, 그랬군!"

룰루가 갑자기 손가락을 치켜들며 말했다.

"뭔데, 뭔데? 갑자기 손가락은 왜 그렇게 치켜들어?"

니나가 조바심을 내며 물었다.

"제발 부탁인데, 그렇게 바보 같은 질문 좀 하지 마! 넌 평소에는 똑똑하다가 가끔 바보 같더라?"

룰루가 콧잔등에 주름을 잡으며 말했다. 룰루의 콧잔등에 주름이 잡힌다는 말은 곧 룰루가 모종의 계획을 짜고 있다는 뜻이었다. 문제는 그 계획들이 대부분 너무도 '심오하다는' 것, 즉 '문제를 불러오는' 계획들이라는 사실이었다.

"이번엔 또 무슨 짓을 저지르려는 거야? 네 마음속 계획이 뭔진 모르겠지만, 그냥 포기하면 안 되겠니?"

니나가 두 손을 꼭 모으며 기도하듯 부탁했다.

"에이, 너무 걱정하지 마!"

룰루는 니나의 반응이 탐탁친 않았지만 어쨌든 니나를 진정시키기로 했다.

"너무 걱정할 필요 없다니까. 그냥 조용히 한 번 알아볼게. 뭘 알아낼 수 있는지 모르겠지만, 어쨌든 노력은 해 볼 거야. 샤르테 선생님의 과거가 뭔지 너희들도 사실 궁금하지 않아?"

5 문제

우리가 흔히 사용하는 십진법으로 나타낸 수 125를 2^0에서 2^7까지 2의 거듭제곱을 사용하여 나타내고, 이것을 이진법의 수로 나타내 보아라.

"그렇게까지 할 필요가 있어?"

니나가 깜짝 놀라며 말했다. 니나는 사실 샤르테 선생님과 마주친 적도 없지만 누군가 선생님의 뒷조사를 한다는 게 영 찜찜했다.

"혹시 알아? 겉으론 좋은 사람 같지만 알고 보니 음흉한 작자일 수도 있잖아! 만약 그게 사실이라면 당장 과외를 그만둬야겠지? 그럼 우리 엄마아빠는 다른 과외선생님을 찾아주시겠지? 그러면 아마 그 선생님의 수업 시간은 화요일이 아니라 다른 날이겠지? 그럼 난 다시 축구 훈련에 참가할 수 있겠지? 어때, 내 생각이? 천재적이지 않아?"

"글쎄, 난 뭐가 뭔지 잘 모르겠어."

니나는 룰루의 생각에 그다지 동의하지 않는 듯했다.

"네가 정말로 뭔가를 찾아냈다고 쳐, 그래서 어쩌라고? 샤르테 선생님이 대체 어떤 짓을 저질렀어야 너희 부모님이 깜짝 놀라 당장 과외를 끊겠니? 뭔가 상당히 나쁜 짓이 아닌 이상 과외를 그만두라고 하지는 않으실 것 같은데?"

"만약 선생님이 범죄자라면?"

룰루는 말해 놓고도 스스로 만족스러운지 승리의 미소를 짓고 윙크를 날렸다.

"만약 그렇다면 우리 아빠는 분명 뒤집어지실 걸!"

짐도 룰루의 말에 동의하는 듯 깔깔거렸다.

“어쩌면 심각한 병에 걸려서 당장 학교를 그만둬야 했던 걸 수도 있어.”

니나가 룰루의 기분을 다시금 망치려 들었다.

“흥, 만약 그랬다면 그걸 비밀에 부쳤을 리가 없지!”

룰루도 지지 않고 반박했다.

니나도 포기하지 않았다.

“어쩌면 학부모나 학생 아니면 선생님들 중 누군가가 샤르테 선생님을 모함했을 수도 있어. 그냥 개인 사정으로 그만둔 걸 수도 있고 말이야. 어쨌든 잘 알지도 못하는 사람의 과거를 파헤치고 다니는 건 결코 바람직한 일이 아니야! 짐, 네 생각은 어때?”

짐은 어깨를 한 번 으쓱하더니 입꼬리를 슬쩍 내렸다. 사실 짐은 양심이나 도덕에 대해 그다지 생각하지 않았다. 솔직히 말하면 룰루의 계획이 정말 재미있게만 느껴졌다. 문제는 지금까지 룰루의 계획이 성공했던 적이 별로 없다는 것이다. 대부분 계획이 실패로 돌아갔다. 그뿐만 아니라 여러 사람을 짜증나게 만들기도 했다. 그런 적이 한두 번이 아니었다.

이진법을 활용해서 암호를 만들 수도 있다. 예컨대 이진법으로 된 숫자를 십진법으로 전환해서 1이 나왔다면 알파벳 A, 2가 나왔다면 알파벳 B, 3이 나오면 알파벳 C 등으로 지정해 놓고 암호를 교환할 수 있는 것이다. 아래 숫자들을 십진법으로 전환한 뒤 다시 알파벳으로 바꾸면 어떤 단어가 나올까?

1000 ____________

0001 ____________

1100 ____________

1100 ____________

1111 ____________

"칫, 옳든 그르든 난 이 수상한 사건 뒤에 숨은 베일을 벗기고 말 거야!"

룰루가 힘차게 팔짱을 끼며 선포했다.

"룰루, 아무리 봐도 그건 좋은 생각이 아닌 것 같아……."

니나가 다시 한 번 친구를 말렸다.

하지만 룰루의 표정은 결연함 그 자체였다. 그때 수업 시작을 알리는 종이 울렸고, 세 친구는 교실로 향했다.

이번 시간은 수학 시간이었다. 올텐부르크 선생님이 이미 교탁 앞에 서 계셨다.

"모든 교육학자들이 입을 모아 하는 말이 뭔지 알아요? 그건 바로 수학 공부를 열심히 해야 한다는 거예요. 그 이유는 바로 수학이 앞으로 살아가는 데에 반드시 필요한 학문이기 때문이죠!"

도살장에 끌려가는 소보다 더 무거운 걸음으로 느릿느릿 걸어 들어오는 세 친구를 바라보며 올텐부르크 선생님이 일장연설을 하셨다.

"뭐, 여러분 모두가 수학을 싫어한다는 뜻은 아니에요. 하지만 여러분들 중엔 도대체 수학은 배워서 뭐하나… 왜 배워야 하나 싶은 친구들도 분명 있을 거예요. 그 친구들은 부디 방금 내가 한 말을 새겨듣기 바라요."

올텐부르크 선생님이 룰루를 쳐다보며 말씀하셨다. 하지만 룰루는 선생님과 시선을 마주치는 대신 칠판을 쳐다보며 슬며시 웃었다. 앞으로 펼쳐질 흥미진진한 일들을 생각하니 웃음이 저절로 나오는 것이었다.

“자, 숙제는 다 해 왔겠죠?”,

“어서 책을 펴세요!”,

“제발 머리를 좀 써요, 머리를!”

수업 중 선생님이 다양한 명령과 질문들을 하셨지만 그럼에도 불구하고 룰루의 얼굴에서는 미소가 가시지 않았다.

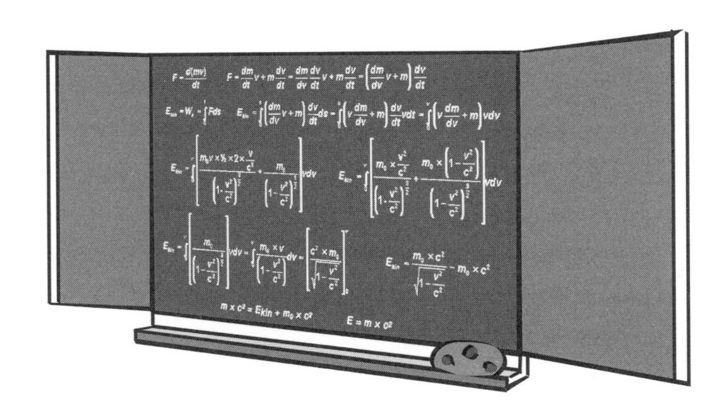

7 문제

주사위의 마주보는 두 개의 면에 그려진 눈의 개수를 합하면 늘 7이 된다. 지금 우리 눈앞에도 그런 주사위가 하나 놓여 있다. 현재 우리 눈에 보이는 면은 세 개이고, 거기에 새겨진 눈의 개수는 각기 3개, 5개, 1개이다. 그렇다면 우리 눈에 보이지 않는 면들에 새겨진 눈의 개수를 모두 합하면 얼마가 될까?

그로부터 며칠 동안 룰루는 잠수를 탔다. 짐과 니나는 도대체 룰루가 어디로 사라졌는지 몰라 궁금할 뿐이었다. 좀 더 정확히 말하자면 룰루가 이번에는 대체 '무슨 짓을 저지르고 있는지' 몰라 걱정이 되었다.

금요일이 되자 룰루가 모습을 드러냈다. 머리 몇 가닥을 하얗게 염색까지 했다. 이어지는 주말에는 길에서 우연히 룰루를 목격했는데 수상하게도 손톱 밑이 새까맣게 물들어 있기까지 했다. 그 모습에 짐의 의심은 더더욱 깊어질 뿐이었다. 하지만 룰루는 니나와 짐 모두에게 계속 아무 말도 하지 않았다.

"난 어디까지나 너희들의 기분을 망칠까 봐 걱정이 되어서 입을 다물고 있는 거야!"

룰루가 두 친구를 달랜답시고 한 말이었다. 그리고는 두 친구를 자기 집으로 초대했다. 집에 가서 엄마가 해 주는 맛있는 간식을 먹으며 비밀을 털어놓겠다는 것이었다.

"지금부터 내가 하는 말 잘 들어. 아마 깜짝 놀랄걸!"

집에 도착한 뒤 룰루가 침대로 몸을 날리며 말했다. 그리고는 엎드린 자세로 배 밑에 베개 하나를 깔고 다리를 꼬았다.

"뭔데? 무슨 얘긴데 그래?"

짐이 케이크 한 조각을 집어 들며 말했다. 룰루의 엄마가 이번에도 세 친구를 위해 커다란 케이크를 구워 주셨다. 짐은 정말이지 룰루네 엄마가 만들어 주시는 케이크가 너무나도 맛있었다.

"기대하시라, 짜잔! 드디어 샤르테 선생님이 학교를 떠나게 된 이유를 알아냈어!"

룰루가 씩 웃으며 기대에 찬 표정으로 친구들의 반응을 살폈다.

"그래서 네가 알아낸 게 뭔데?"

니나의 목소리에 걱정이 가득 담겨 있었다.

"자, 놀랄 준비들 되셨나요? 그게 말이지, 샤르테 선생님이 말이지, 다른 선생님의 물건을 훔쳤대! 근데 곧 발각되고 말았대! 그래서 학교를 그만둘 수밖에 없었던 거래!"

"뭐라고? 다른 선생님의 물건을 훔쳤다고?"

짐이 깜짝 놀라며 물었다. 얼마나 놀랐는지 씹고 있던 케이크 조각이 입 밖으로 튈 정도였다.

"그게 말이지, 이런 거였대."

친구들의 반응에 적잖이 만족한 룰루가 일부러 더 시간을 끌었다.

"'빌트'라는 선생님이 계셨대. 그 선생님도 우리 학교에서 아이들을 가르치다가 그만두셨대. 근데 그 당시 빌트 선생님이 자기 반 아이들에게 수학여행비를 거뒀대. 그게 1,500유로(한화로 약 2,300,000원)가 넘는 돈이었대."

"우와, 너 정말 대단하다!"

짐이 케이크를 우적우적 씹으며 말했다.

"당연하지!"

룰루가 의기양양한 얼굴로 어깨를 으쓱했다.

"뭐, 어쨌든, 빌트 선생님은 그 돈을 서랍 속에 잘 넣어둔 뒤 방과 후에 은행에 입금할 예정이었나 봐. 그런데 나중에 서랍을 열었는데 돈 봉투가 사라져 버린 거야! 그게 2교시가 끝난 뒤 쉬는 시간이었대. 그런데 교무실은 선생님들만 출입하는 곳이잖아? 즉 선생님 중 한 명이 그 돈을 훔쳤다는 거지! 그때 교무실에 있던 선생님들은 돈이 사라진 걸 알게 된 즉시 교무실을 샅샅이 뒤져 보았대. 다들 자기가 범인이 아니라는 걸 어서 빨리 증명하고 싶었던 거지. 그런데 그 돈이 결국 샤르테 선생님의 가방에서 발견된 거야!"

8 문제

수사 과정에서 룰루는 아빠의 낡은 자전거를 타고 다녔다. 비록 구식 자전거이기는 하지만 거기에는 주행거리 표시판이 달려 있었다. 룰루가 타기 전 표시판에는 11,056 km가 찍혀 있었다. 수사 첫째 날 룰루는 17km를 달렸고, 둘째 날에는 34km, 셋째 날에는 16 km를 달렸다. 수사 마지막 날인 넷째 날에는 주행거리 표시판에 11,142 km가 찍혀 있었다. 그렇다면 수사 넷째 날까지 룰루가 달린 거리는 총 얼마였을까?

"뭐야, 그럼 샤르테 선생님이 자기가 돈을 훔쳐 놓고선 뻔뻔스럽게도 당당하게 가방을 열어 보였다는 거야?"

짐이 이해할 수 없다는 표정으로 물었다.

"그게 아니라 상황상 그럴 수밖에 없었겠지."

니나가 자기 나름의 추리를 시작했다.

"다른 선생님들이 모두 다 가방과 서랍을 열어 보이는데 자기만 거부할 순 없잖아. 한마디로 말해 '재수 없게 딱 걸린' 거지! 아마도 돈 봉투가 사라졌다는 걸 아무도 눈치채지 못할 거라 생각했고, 나중에 시간이 날 때 그 봉투를 교무실 밖으로 빼돌릴 생각이었겠지!"

"내 생각도 바로 그거야."

룰루가 니나의 의견에 적극 동의했다.

이후, 세 친구는 각자 생각에 잠겼다. 사건의 경위를 다시 한 번 되새기고 싶었던 것이다. 침묵 속에서 방 안에 들리는 유일한 소음은 짐이 케이크를 씹어 먹는 소리뿐이었다. 짐은 쉬지 않고 계속해서 룰루의 엄마가 구워 주신 케이크를 꾸역꾸역 먹고 있었다.

"근데 그 모든 정보를 대체 어디서 입수한 거야?"

니나가 긴 침묵을 깨고 드디어 입을 열었다.

"히히, 그럴 줄 알았어. 그 질문이 왜 안 나오나 했다니까!"

룰루가 기다렸다는 듯 말했다. 룰루는 승리의 미소를 지으며 머리칼을 한 번 휙 쓸어 넘겼다.

“너희들, 우리 아빠가 합창부 단원이라는 건 알고 있지? 바로 그 합창단에 ‘한지히’라는 아줌마가 있거든? 근데 그 아줌마가 우리 학교 총무과 직원이야. 그 아줌마한테 딸이 하나 있는데, 아빠를 따라 합창부 연습에 갔다가 우연히 그 친구를 본 적이 있어.”

“그래서?”

니나가 아직도 이해가 안 된다는 표정으로 물었다.

“그래서는 뭐가 그래서야! 걔한테 접근해서 정보를 캐낸 거지!”

“접근만 하니까 술술 불었다고?”

이번에는 짐이 어리둥절한 표정을 지었다.

“아니지! 거기까지 가기 위해 많은 노력이 필요했지!”

룰루가 웃으며 말했다.

“정원 울타리에 페인트도 같이 칠해 주고 화단도 같이 정리해 줬어. 그러면서 걔가 조금씩 마음을 열게 만든 거야. 그 정보들을 결코 공짜로 얻은 게 아니라니까! 라우라도……, 아, 참고로 걔 이름이 라우라야, 라우라도 우연히 그 사건에 대해 알게 되었대. 자기 엄마가 아빠한테 그 사건에 대해 얘기하는 걸 우연히 엿들은 거야. 라우라는 그게 이미 2년 전 일이니 나한테 말해 줘도 상관없을 것 같다고 했어. 탐정놀이를 좋아하는 친구들한테 좋은 먹잇감이 될 거라며 말이야. 뭐, 어쨌든 걔가 그렇게 말했어.”

"근데 선생님들은 왜 그 사건을 쉬쉬하며 감췄대?"

짐이 의아해 했다.

"라우라의 말에 따르면 그 당시 모든 선생님들이 그 사건이 밖으로 알려지면 학교의 평판이 나빠질 걸 걱정했대. 생각해 봐, 교사가 동료 교사의 돈을 훔친다는 게 말이나 되니? 그런 이야기가 소문 나면 우리도 망신망신 개망신이지. 그래서 결국 학교 측에서 샤르테 선생님에게 스스로 사표를 쓰고 조용히 물러나라고 권고를 한 거야. 실제로 샤르테 선생님도 그 권고를 따른 거고. 그 모든 게 쥐도 새도 모르게 조용히 진행되었어. 경찰이 개입되지도 않았고, 소리 소문도 없이 일사천리로 착착 진행된 거야."

"그렇구나."

니나가 고개를 끄덕였다.

"그럼 이제 어떡할 거야? 오늘 밤에 집에 가서 부모님께 다 말씀드릴 거야? 수학 과외선생님이 도둑이라고? 그래서 그 선생님 밑에서는 수학이든 뭐든 도저히 배울 수 없다고 말할 거야?"

니나의 말에 룰루가 이마를 톡 치며 키득거렸다.

"그럴 순 없지! 나한테 그보다 더 좋은 계획이 있어, 훨씬, 훨씬 더 좋은 계획이야!"

룰루가 침대에서 용수철처럼 튀어 오르더니 책상 앞으로 갔다. 책상 앞에 선 룰루는 종이 한 장을 집어든 뒤 친구들 코앞에 대고 흔들기 시작했다.

"이게 뭔지 알아? 이건 바로 지지난해 5월 25일, 그러니까 사건 당일의 기록이야. 우리 학교 총무과 직원이신 한지히 선생님께서 손수 작성하셨고, 그 따님이 이 몸한테, 그러니까 이 룰루 플뢰크헨에게 기꺼이 건네준 문서지!"

"뭐라고?!"

니나와 짐이 동시에 소리를 질렀다.

9 문제

한지히 선생님이 작성한 일지日誌는 거의 초 단위로 작성되어 있었다. 그만큼 상세하게 기록되어 있었던 것이다. 그런데 잠깐, 1년은 과연 몇 초일까?

"그치, 정말 굉장하지? 선생님들이 교무실을 수색하는 동안 교장선생님께서 한지히 선생님한테 수색 일지를 작성하라 하셨대. 정확히 누가 몇 시에 교무실에 있었고 누가 언제 교무실 밖으로 나갔는지 꼼꼼히 기록하라 하신 거야. 잠깐 들여다봤는데, 정말 재미있어."

"더 이상 재미있을 게 뭐가 있어? 도둑이 누군지 이미 밝혀졌잖아. 샤르테 선생님이 범인이라며? 근데 그딴 일지 따위를 봐서 뭐 하게?"

짐이 문서를 흘깃 쳐다보며 말했다.

"잠깐 닥치고 좀 들어보기나 하셔."

룰루가 여전히 흥분을 감추지 못한 채 짐을 나무랐다.

"그날 오전, 교무실이 완전히 비어 있을 때는 거의 없었어. 교무실에 아무도 없었던 유일한 시각은 3교시 때, 그것도 단 몇 분 뿐이었지. 선생님들이 전부 다 수업이 있었거나 다른 볼일 때문에 자리를 비웠던 것 같아. 그런데 한지히 선생님이 작성한 일지를 살펴보니 10시 17분에 샤르테 선생님이 열쇠로 교무실 문을 열고 들어오셨다고 나와 있더라고. 어떻게 그렇게 정확하게 알 수 있느냐고? 우리 학교 교무실이 디지털 키를 사용하잖아? 열쇠마다 사용자의 정보도 입력되어 있어. 그래서 누가 언제 교무실 문을 열었는지 모두 다 기록이 되는 거야."

"그러니까 결국 그때 샤르테 선생님이 돈을 훔쳤다는 얘기네. 증거가 그렇게 말하고 있잖아."

니나가 생각에 잠긴 채 중얼거렸다.

"문제는 그 시각에 샤르테 선생님이 수업이 있었다는 거야!"

룰루가 날카로운 눈빛으로 지적했다.

"여길 봐, 일지에 그렇게 나와 있어."

"그럼 수업 도중에 교실을 빠져나와 교무실로 가서 돈을 훔쳤단 말이야?"

니나가 믿기지 않는다는 말투로 물었다.

"그치, 정말 이상하지?"

룰루가 눈에 불꽃까지 튀기며 날카롭게 지적했다. 호기심과 흥분이 가득한 눈빛이었다.

"근데 과연 샤르테 선생님이 그 정도로 서툴게 일을 저질렀을까?"

짐이 입을 열었다.

"교무실 열쇠 사용 상황이 일일이 기록된다는 걸 뻔히 아는 상황에서 수업 중에 유유히 교실을 빠져나와 돈을 훔쳤다고? 아무리 생각해도 그건 좀 아닌 것 같아……."

"나도 바로 그 점이 이상했어. 그래서 이렇게 한 번 추리해 봤어. 뭔지 알아?"

짐과 니나는 고개를 가로저으며 호기심과 기대가 가득찬 눈빛으로 룰루를 바라보았다.

문제 **10**

룰루와 니나 그리고 짐은 주스 컵을 부딪치는 것으로 그날의 '파티'를 끝냈다. 세 명이 서로서로 건배를 하는 동안 컵이 부딪치는 소리가 총 세 번 울렸다. 만약 세 명이 아니라 열 명이 서로서로 한 번씩 잔을 부딪친다면 잔이 부딪치는 소리는 총 몇 번 날까?

"그러니까 내 이론은, 누군가 다른 사람이 샤르테 선생님의 열쇠를 훔쳤을 수도 있다는 거야. 그 사람은 아마도 샤르테 선생님이 평소에 열쇠를 어디에 보관하는지 잘 알고 있고, 교무실이 언제 비는지도 잘 알고 있는 사람이겠지? 돈을 훔친 뒤에는 아마도 혹시나 모를 사태를 대비해 돈 봉투를 샤르테 선생님의 가방에 넣어두었던 거야. 불심 검문에 걸리면 자기는 쏙 빠져나가려고 했던 거지. 샤르테 선생님은 그런 사실을 짐작도 못한 채 돈 봉투가 든 가방을 순순히 열어 보인 거야."

"우와, 그 말이 맞는다면 샤르테 선생님은 범인이 아니라 희생양인 거네!"

짐이 큰 소리로 외쳤다.

"그렇지, 죄가 없는데 누명을 뒤집어쓴 거지!"

니나도 목소리를 높였다. 하지만 니나는 금세 다시 의심스러운 표정이 되었다.

"그런데 왜 고스란히 당하고만 있었던 걸까? 만약 나라면……, 그러니까 진짜로 내가 물건을 훔친 장본인이 아닌데 누군가 내게 그렇게 억울한 누명을 씌웠다면 무죄를 밝히기 위해 뭐든지 다 했을 거야! 그런데 샤르테 선생님은 아무 저항도 없이 얌전히 위에서 시키는 대로 학교를 그만뒀다고?"

"적어도 지금까지 정황을 봐선 그런 것 같아. 왜 그랬는지는 이제 곧 알게 될 거야!"

룰루도 흥분해서 소리쳤다.

"있지, 아무래도 우리가 생각하는 것보단 이번 사건은 훨씬 더 심각한 사건인 것 같아. 정확히 뭔지는 아직 잘 모르겠지만 분명 뭔가 '구린' 구석이 있어!"

"있잖아, 어설픈 탐정놀이는 이쯤에서 그만하는 게 어때?"

니나가 핀잔을 줬다.

"싫어, 내가 왜 그래야 하는데?"

룰루가 킬킬거렸다.

"지금부터 우리가 무슨 일을 해야 하는지 알아?"

니나와 짐은 어리둥절한 표정으로 룰루만 쳐다봤다.

"다 같이 샤르테 선생님한테 가 보는 거야. 선생님 집 주소를 입수했는데 여기서 그다지 멀지 않더라고. 어때, 이 사건의 핵심 인물을 너희도 직접 보고 싶지 않아?"

니나와 짐이 망설이는 사이 룰루는 이미 복도로 뛰쳐나갔다.

"어, 어, 어, 어쩌지?"

니나가 걱정했다.

"뭐 어때!"

니나와는 반대로 짐은 신이 나서 못 견디겠다는 표정이었다.

"어쨌든 드디어 재미있는 일이 벌어졌으니 우린 그냥 즐기면 돼!"

"듣고 보니 네 말이 맞는 것 같아."

신중한 성격의 니나였지만 호기심을 이기지 못하고 룰루를 뒤쫓았다.

11 문제

짐의 머리카락은 5일에 1mm씩 자란다. 1시간 동안 자란 만큼의 길이를 모두 다 합하니 1m였다면 짐의 머리카락은 총 몇 가닥일까?

샤르테 선생님의 집은 오래된 대형 주택 단지 끝자락에 위치해 있었다. 자그마한 앞뜰은 가꾸는 사람이 전혀 없는 듯 풀들이 아무렇게나 자라고 있었다.

룰루는 초인종 위에 손을 올려둔 채 벨을 누르지 않고 잠시 망설였다.

"뭐야, 왜 그래?"

니나가 물었다.

"둘러댈 이유를 생각 중이야. 갑자기 들이닥쳤으니 무슨 이유가 있어야 할 거 아냐?"

룰루가 낮은 목소리로 속삭였다.

"안 들려, 뭐라고?"

니나도 덩달아 목소리를 낮추었다. 그 사이 룰루는 초인종을 눌러 버렸다.

벨을 누르자 정원 앞 울타리가 윙 소리를 내며 열렸다. 문이 열리는 동시에 룰루는 현관을 향해 냅다 달렸다.

샤르테 선생님이 현관문을 열자 룰루는 멍한 표정의 샤르테 선생님의 손을 덥석 잡으며 인사를 건넸고, 친구들도 소개했다. 샤르테 선생님은 두꺼운 안경 너머로 아래위로 룰루와 그 친구들의 모습을 훑어보았다.

샤르테 선생님은 키가 아주 크고 깡마른 사람이었다. 멀쑥하다는 느낌이 들 정도였다. 부분적으로 희끗해지기 시작한 뻣뻣한 머리칼은 빗질도 하지 않은 듯 너저분하게 얼굴에 들러붙어 있었다. 니나는 샤르테 선생님이 만화에 나오는 괴짜 학자 같다는 느낌이 들었다. 아니, 어쩌면 방금 전까지 잠을 자고 있었고, 인생 최악의 악몽을 꾸고 있었는지도 모를 일이었다.

"과외 수업과 관련해서 날 찾아온 거니?"

아직도 상황을 제대로 파악하지 못한 샤르테 선생님이 어눌하게 물었다.

"정확히 알아맞히셨습니다!"

룰루가 활기차게 대답하고서는 선생님 쪽으로 한 걸음 다가갔다.

"뭐가 궁금한 거니?"

샤르테 선생님이 세 친구가 집 안으로 들어올 수 있도록 한 걸음 뒤로 물러서며 말씀하셨다.

"저번에 내주신 숙제 있잖아요? 그 프린트물을 그만 잃어 버렸어요. 정말 죄송해요."

룰루가 한숨을 내쉬며 말했다.

"음, 그렇군, 프린트물을 잃어 버렸단 말이지……."

샤르테 선생님이 혼잣말을 중얼거렸다.

"그런데 그 사실을 오늘에야 알았다고?"

샤르테 선생님이 의심스러운 눈초리로 룰루를 쳐다보셨다.

“오늘 밤에 당장 숙제를 다 할 거예요.”

선생님의 말이 끝나기도 전에 룰루가 대답한 뒤 애교 가득한 미소를 지어 보였다.

“프린트물을 주시기만 한다면 말예요.”

“당연히 줘야지, 암, 주고말고!”

샤르테 선생님이 머리를 긁적이며 말씀하셨다.

“근데 가만 있자, 내가 그걸 어디다 놔뒀더라? 잠깐만 기다려 보렴.”

말을 마친 선생님이 복도 양쪽으로 나 있는 방들 중 하나로 들어가셨다. 룰루는 만족스러운 표정을 지으며 얼른 복도 양옆에 걸린 사진들을 차근차근 뜯어보았다.

니나와 짐은 자신들이 갑자기 이렇게 샤르테 선생님을 습격했다는 게 믿기지 않고 창피하기도 하고 불안하기도 해 현관 앞을 서성이며 룰루를 지켜보기만 했다. 룰루는 선생님 집 복도를 마치 자기 집 안방마냥 유유자적하게 거닐고 있었다.

12 문제

어느 날 룰루는 아버지를 도와 상당히 많은 양의 모래를 날라야 했다. 손수레에 매번 54kg의 모래를 담을 경우 총 64번을 왕복해야 했다. 힘들고 불편하다는 생각에 룰루는 왕복 횟수를 총 48회로 줄이려고 한다. 그렇다면 한 번에 몇 kg의 모래를 손수레에 담아야 할까?

"집이 참 예쁘네요!"

프린트물을 들고 나타난 선생님께 룰루가 가벼운 목소리로 새처럼 지저귀었다.

"선생님 집이에요? 이 집을 사신 거예요?"

"에……, 그러니까……."

샤르테 선생님은 룰루의 갑작스런 질문에 당황한 표정으로 고개를 가로저었다.

"그러니까 말이지, 이 집은 원래 선생님 아버지의 집이었어."

"우와, 멋져요!"

룰루가 매우 밝은 목소리로 말하며 벽에 걸린 사진들 중 한 장을 가리켰다.

"이분이 선생님 아버지시죠?"

"흠, 맞아."

샤르테 선생님이 안경을 고쳐 쓰며 대답했다.

"그럼 여기 이 사람들은 사모님과 아드님이세요?"

룰루가 또 다른 액자를 가리키며 물었다.

"저기, 그러니까 말이지, 아냐, 난 단 한 번도 결혼이란 걸 한 적이 없단다. 그러니까 이 사람은, 흠, 어떻게 설명하지?"

샤르테 선생님이 긴장한 표정으로 마른침을 삼켰다.

"그러니까 이 여자분은 나와 같은 집에서 함께 사는 사람이란다. 이 남자아이는 그 여자분의 대자代子인 코르넬리스이지."

"그럼 이 남자아이가 코르넬리스 뢰브란 말예요?"

룰루가 즉시 질문을 던지자 니나와 짐은 어리둥절해졌다. 둘은 한 번도 들어보지 못한 이름이었기 때문이다.

샤르테 선생님은 룰루에게 프린트물을 건네주다가 고개를 갸웃하셨다.

"그런데 네가 그걸 어떻게……?"

일면식도 없는 코르넬리스를 룰루가 알고 있다는 사실에 선생님이 적잖이 놀라신 듯했다.

"선생님, 그럼 저희는 이만 가 볼게요."

룰루가 선생님의 질문을 싹둑 잘라 버렸다.

"그럼 안녕히 계세요!"

룰루가 현관을 향해 걸어나가며 인사를 드렸다.

"참, 프린트물 챙겨 주셔서 감사해요!"

총총히 현관 밖으로 나온 룰루가 다시 한 번 몸을 돌려 고개를 숙이자 샤르테 선생님께서도 고개를 까딱이며 세 친구에게 인사를 건네고 계셨다.

"도대체 그런 이상한 질문들은 왜 한 거니?"

짐이 이를 악물며 말했다.

"정말이지 내가 창피해 죽는 줄 알았다니까!"

"잘 들어, 짐. 내 생각엔 아무래도 우리가 해결해야 할 일이 생긴 것 같아. 이 사건을 우리가 수사해야 한다고!"

룰루가 소리쳤다.

"방금 전에 내가 얼마나 많은 정보를 캐낸지 알아?"

"그건 룰루 말이 옳아."

니나도 인정했다.

"한 가지는 분명해. 샤르테 선생님은 절대 도둑질을 할 사람처럼 보이진 않았어. 도둑보다는 점잖은 교수님에 더 가까운 분이시지."

"맞아. 집 안에 돈을 쌓아 두고 있는 것 같지도 않았어. 한 번 생각해 봐. 선생님한텐 집도 있어. 게다가 아내도 없고 자식도 없어. 한 마디로 말해 그렇게 큰돈을 훔칠 이유가 전혀 없다는 뜻이지!"

룰루가 친구들 앞에서 자신의 추리력을 한껏 과시했다.

"물론 선생님의 재정 상황이 정확히 어떤지 우린 아직 잘 몰라. 하지만 적어도 선생님의 삶이 갑자기 럭셔리해진 것 같진 않아."

"그건 그래."

짐도 자신의 의견을 말했다.

"모든 게 너무 평범했어. 나라면 아마 분명 그 고물자동차를 팔아 치우고 멋진 새 자동차부터 뽑았을 거야. 집 앞에 서 있는 그 고물자동차가 선생님 차 맞겠지?"

"오, 상당히 예리하신걸! 어떻게 자동차까지 살펴볼 생각을 다 했어?"

니나가 자기는 미처 거기까지 생각하지 못한 걸 탓하기라도 하듯 자신의 이마를 한 번 툭 쳤다.

"참, 그런데 코르넬리스 뢰브는 대체 누구야?"

니나가 자책을 하든 말든 짐은 궁금한 것을 물었다.

"너랑 잘 아는 사이인 것 같던데, 아냐?"

"글쎄, 이걸 과연 아는 사이라 할 수 있을까?"

룰루가 걸음을 멈추더니 한지히 선생님이 작성한 문서를 가방에서 꺼내 들었다.

“잘 봐, 정확히 몇 시인지는 모르겠지만 그날 오전 분명 코르넬리스 뢰브가 총무과에 들렀던 건 틀림없어. 한지히 선생님이 여기 이렇게 샤르테 선생님 이름 옆에 괄호를 치고 ‘코르넬리스 뢰브’라고 적어 놨잖아.”

13 문제

세 친구가 코르넬리스 뢰브의 정체에 대해 궁금해 하는 동안 우리는 문제를 하나 풀어 보자. 37에다 어떤 수를 곱하면 11^2에서 10을 뺀 값과 같은 수가 나올까?

“진짜네!”

짐이 문서를 들여다보며 소리쳤다.

“잘은 몰라도 얘기가 점점 재미있게 돌아가고 있는데!”

“그와 동시에 사건이 점점 미궁 속으로 빠져들고 있기도 하지!”

신중한 니나가 예리하게 지적했다.

“그럴수록 더 계획을 치밀하게 짜야 해!”

룰루가 문서를 다시 가방에 집어넣으며 양손을 비볐다.

“계획은 내가 세울게. 반대하는 사람은 없겠지? 어쨌든 이 사건을 물어 온 것도 나잖아.”

짐과 니나는 잠시 생각에 잠겼다.

“룰루 말이 맞아!”

짐이 너그럽게 양보하자 모두들 멈췄던 걸음을 다시 재촉했다.

“그럼 다음 단계는 뭐야?”

니나가 물었다.

“이름부터 지어야지!”

짐이 소리쳤다.

“그니까 우린 지금부터 탐정이 되어 수사를 할 거고, 그런 만큼 우리 탐정 클럽의 이름이 필요하다고!”

“그거라면 내가 벌써 생각해 둔 게 있어!”

룰루가 팔꿈치로 친구들의 옆구리를 쿡 찔렀다.

"우리 2학년 때 비밀 모임을 조직했던 거 기억나? 그때 그 모임의 이름이 '파헤치기 대장들'이었잖아?"

"맞아, 그랬지!"

니나가 슬며시 미소를 지었다.

"조용히, 은밀하게 모든 비밀을 파헤치려 했었잖아."

"그래, 그리고 이제야 드디어 첫 번째 임무가 주어진 거야!"

짐이 기뻐하며 말했다.

"대장, 그럼 이제부터 우린 뭘 하면 되는 거야?"

짐이 룰루를 '대장'이라 부르는 통에 니나는 웃음이 터져 버렸다.

"우선 샤르테 선생님이 내주신 숙제부터 해야 해."

룰루가 갑자기 싸늘한 목소리로 냉정하게 말했다.

"아까 내가 그 짧은 순간에 그렇게 천재적인 핑계를 떠올릴 수 있었던 건 어디까지나 그게 사실이기 때문이었어. 실제로 선생님이 주신 프린트물을 어디에 뒀는지 도무지 기억이 나지 않거든."

룰루의 말에 니나가 금세 안타까운 얼굴이 되었다. 어떻게 그런 일이 있을 수 있냐고 묻는 듯한 눈빛이었다.

"선생님, 그렇게 걱정하실 필요는 없어요!"

룰루가 니나를 안심시켰다.

"이렇게 다시 프린트물을 손에 넣었잖아요! 이제 이걸 빨리 풀기만 하면 돼요. 그런 다음엔 같이 수사에 착수해 보자고요!"

"그런데 그걸 왜 우리가 같이 풀어야 하는데!"

짐이 발끈했다.

"어디까지나 그건 네 숙제지, 우리 숙제가 아니거든!"

"설마 탐정 클럽의 대장이 고생을 하든 말든 팔짱만 끼고 있겠다는 말은 아니지?"

룰루도 날카로운 목소리로 되받아쳤다.

"어이, 잠깐, 그건 아니지, 그건 정말 아니지! 숙제는 분명 대장 혼자서 해야 해!"

짐이 검지로 룰루를 가리키며 단호하게 선언했다.

"뭐, 약간은 도와줄 수 있어."

다행히 니나가 조금 호의적인 태도를 보였다.

"하지만 너 혼자서 풀다가 안 되면 그때 도와줄 거야. 짐, 너도 동참할 거지? 수학 문제 몇 개를 풀고 나면 분명 우리도 머리가 더 잘 돌아갈 거야!"

"으이그……."

입에서는 푸념이 흘러나왔지만 결국 짐도 니나와 함께 룰루를 도와주기로 결심했다. 모험 가득한 오후를 보낸 후 갑자기 혼자 집에 가서 시간을 때우기는 싫었던 모양이었다. 게다가 니나 말이 백번 옳았다. 수학 문제 몇 개를 더 푼다고 해서 해가 될 리는 만무했다.

14 문제

샤르테 선생님이 내주신 프린트물에 인쇄된 문제 중 하나를 세 친구와 함께 풀어 보자.

어느 스키장의 대형 곤돌라가 꼭대기까지 가는 동안 중간에 내린 사람은 총 32명이었던 반면 새로 탑승한 사람은 19명밖에 되지 않았다. 그러고 나니 곤돌라 안의 비어 있는 좌석이 전체 좌석의 $\frac{1}{3}$이라면 곤돌라의 좌석 수는 총 몇 개일까?

샤르테 선생님이 내주신 문제들은 정말이지 어려웠다! 겨우 문제를 다 풀고 나자 오늘은 더 이상 무언가를 할 기운이 남아 있지 않았다. 세 친구는 각자 집으로 돌아가 다시 한 번 이번 사건에 대해 생각을 정리하고 앞으로 어떻게 것인지 고민해 보기로 결정했다.

다음날 오후, 룰루는 과외 수업을 받기 위해 선생님이 강의를 하시는 학원으로 갔다. 룰루는 지금까지 조사한 내용을 선생님께 말씀드릴까 말까를 두고 한참을 고민했지만, 결국에는 입을 다물기로 했다. 여러 가지 이유에서 그렇게 결정한 것이었다. 그중에서도 샤르테 선생님이 어떤 사람인지 잘 모른다는 게 가장 중요한 이유였다. 그렇게 민감한 사건에 룰루와 친구들이 관심을 보이고 수사를 진행 중이라면 선생님이 과연 어떻게 나올지 그야말로 미지수였다. 게다가 아무리 생각해도 샤르테 선생님이 그 사건을 직접 해명하려 들지 않는다는 점이 수상해서라도 일단은 이야기하지 않는 편이 좋을 것 같았다.

'흠, 어쩌면 선생님이 이미 진상을 밝히려 애를 썼을 수도 있어.'

룰루는 계속해서 여러 가지를 생각했다.

'하지만 분명한 건 선생님은 그다지 많은 걸 밝혀내지 못했다는 거야!'

룰루는 무엇보다 샤르테 선생님이 그 사건에서 손을 떼라고 하실까 봐 겁이 났다.

그 외에도 샤르테 선생님께 사건 수사에 관해 말씀드리지 않은 중대한 이유가 한 가지 더 있었다. 파헤치기 대장들의 짐작과는 달리 선생님이 진범인 가능성을 완전히 배제할 수는 없다는 것이 바로 그 이유였다.

샤르테 선생님이 내주신 숙제에 포함되어 있던 문제를 하나 더 풀어 보자. 6a반의 학생 수는 6b반보다는 두 명이 더 많지만, 6c반보다는 세 명이 적다. 그리고 세 학급의 학생 수를 모두 더하면 88명이 된다. 그렇다면 학급별 학생 수는 각각 몇 명일까?

수학 수업이 진행되는 교실에 가 보니 샤르테 선생님이 이미 책상 앞에 앉아 안경을 닦고 계셨다.

"숙제는 다 해왔겠지?"

샤르테 선생님이 물었다.

"하루 만에 다 하기엔 정말 빡셌어요."

룰루가 앓는 소리를 했다. 하지만 룰루의 목소리는 이내 자신감 넘치는 말투로 바뀌었다.

“그래도 결국엔 다 풀었어요!”

“그래, 그렇게 차근차근 해 나가면 되는 거야.”

선생님이 안경을 다시 끼며 말씀하셨다.

“그런데 한 가지 물어보고 싶은 게 있어.”

“뭐든지 물어보세요, 선생님.”

“우리 집 복도에 걸려 있던 사진들 기억나지? 그중 흠, 그러니까, 코르넬리스 사진을 보고 누군지 알아맞혔잖아? 네가 코르넬리스의 얼굴은 모르면서 이름은 알고 있다는 게 상당히 이상했어. 에…… 또……, 너도 잘 알겠지만 내가 가르치는 과목이 수학이잖아. 수학하는 사람들은 원래 논리적인 걸 좋아하거든. 내 말, 무슨 말인지 이해되지?”

샤르테 선생님이 룰루를 유심히 살피며 말씀하셨다.

“그럼요. 근데요 선생님, 코르넬리스도 혹시 우리 학교 학생 아니었어요?”

룰루는 당황하지 않고 슬쩍 한 번 떠 보았다. 하지만 마음속으로는 제발 지금 이 순간 얼굴이 새빨개지지 않기만을 바라고 있었다.

“어디에선가 분명 그 이름을 들어본 적이 있어요. 코르넬리스라는 이름이 흔한 이름이 아니잖아요?”

“네가 다니는 학교가 어디지? 그러고 보니 네가 어느 학교에 다니는지도 아직 물어보지 않았구나.”

"라이프니츠 김나지움에 다녀요."

룰루가 얼른 대답한 뒤 가방을 뒤적거리며 무언가를 찾는 척했다.

"그렇구나."

샤르테 선생님도 수업을 시작하려는 듯 가방을 여셨다.

"맞아, 그럴 수도 있겠다. 아니, 그랬던 것 같기도 해. 코르넬리스가 그 학교에 잠깐 다닌 적이 있는 것 같아."

"근데 사람들이 그러던데 선생님도 우리 학교에서 일하셨다던데요?"

룰루가 용기를 내어 물어봤다.

"응? 아, 맞아. 하지만 결국 중등학교는 그만두고 대학으로 옮겨 가기로 결심했어. 그래서 요즘은 대학에서 강의를 하고 있는데 아직 정식 교수는 아니야. 그래서 이렇게……, 그러니까 짬이 날 때마다 과외 수업을 하고 있는 거란다."

샤르테 선생님이 멋쩍은 듯 헛기침을 하며 목을 가다듬으셨다.

"그렇군요."

룰루가 고개를 끄덕이자 샤르테 선생님도 함께 고개를 끄덕이시더니 그 후 차례로 도착한 나머지 학생들에게 인사를 건넸다.

과외 수업 내내 룰루는 수학 문제 풀기에만 열중해야 했다. 그중 한 문제는 시간을 계산하는 것이었다.
아래의 세 가지 시간들을 분 단위, 시간 단위, 초 단위로 환산한 뒤 각 숫자들을 합한 것이 이 문제의 최종 정답이다.

1 1분 120초=

2 7시간 480분=

3 2시간 112분 360초=

"특종이야, 특종!"

니나와 짐이 도착하자마자 룰루가 소리쳤다.

하지만 흥분도 잠시, 룰루는 니나의 스포츠백을 부러운 눈길로 쳐다봤다. 땀 흘리며 뛰느라 빨갛게 달아오른 얼굴을 보니 더더욱 부러운 마음이 들었다. 니나는 죄 지은 것도 없는데 괜스레 미안한 마음이 들어 자신의 물건들을 현관 옆 옷장 안에 깊숙이 쑤셔 넣었다. 룰루는 짐과 니나를 향해 얼른 자기 방으로 오라고 손짓

했다.

“잠깐만!”

짐이 주방을 기웃거리며 말했다.

“아줌마, 계세요?”

“그럼!”

거실에 앉아계시던 룰루의 엄마가 복도 쪽으로 고개를 내밀며 대답했다.

“혹시 어제 그 케이크, 좀 남은 거 없어요?”

니나와 룰루는 그 와중에도 짐의 소맷부리를 잡아당겼다.

“하하, 역시 내 요리 실력을 인정해 주는 것은 짐 너뿐이구나!”

룰루의 엄마가 만면에 웃음을 가득 띠며 말씀하셨다.

“에고, 불쌍해라. 뱃속에선 꼬르륵 소리가 나는데 두 여우들이 가만 놔두질 않나 보네. 잠깐만 기다려, 아줌마가 금방 맛난 걸 대령해 줄 테니까, 알았지?”

“넵!”

짐은 니나와 룰루의 눈치에 마지못해 발걸음을 질질 끌며 위층으로 올라갔다.

“대체 그 특종이란 게 뭐야?”

니나가 룰루의 방에 들어서기

가 무섭게 물었다.

"코르넬리스 뢰브의 정체를 알아냈어."

룰루가 의기양양하게 말했다.

"알고 보니 우리 학교 학생이었대."

룰루의 말에 니나와 짐의 눈동자가 휘둥그래졌다.

문제 17

룰루가 니나와 짐을 놀라게 만든 것처럼 독자들도 친구들을 놀라게 할 수 있다. 이 문제를 풀 수만 있다면 말이다.

어느 자동차 공장의 내부에 이제 막 생산된 차량 1,517대가 놓여 있다. 차들이 배치된 모습은 정확히 직사각형이다. 그렇다면 그 1,517대의 차량은 정확히 몇 열 횡대, 몇 열 종대로 늘어서 있을까? 가로로 총 몇 대, 세로로 총 몇 대인지를 계산한 후 그 두 개의 답을 더한 것이 이 문제의 최종 정답이다.

"샤르테 선생님도 코르넬리스를 많이 걱정하고 있는 것 같았어. 적어도 내가 보기엔 말이야. 둘이 꽤 가까운 사이인 것 같기도 했는데, 이건 어디까지나 내 추측일 뿐이야."

룰루가 샤르테 선생님과의 대화를 찬찬히 떠올리며 친구들에게 상황을 보고했다.

"그건 그렇고, 자, 이제 어떡하지? 우선, 코르넬리스에 대해 알아봐야지. 한때 우리 학교 학생이었던 건 분명하거든. 우리보단 학년이 높았지. 아마도 한네스 오빠와 같은 학년이었을 거야. 짐, 네가 한네스 오빠한테 혹시 코르넬리스를 아는지 다시 한 번 물어봐. 꼭 한네스 오빠가 아니라도 좋아. 그 학년 아무한테나 한 번 물어봐. 어쨌든 선배들이랑은 니나나 나보다는 네가 더 친하잖아."

짐은 진지한 얼굴로 고개를 끄덕이더니 주머니에서 자그마한 수첩과 몽당연필 하나를 꺼냈다.

"자, 자, 이름이 뭐랬지? '코르……넬리스…… 뢰브……'랬지."

짐이 글씨를 적느라 느릿느릿한 속도로 말했다.

"그런데 이름 첫 글자가 C야, K야?"

"뭐야, 머리는 장식으로 달고 있냐? 그 짧은 이름을 기억하는 게 뭐가 그리 어렵다고 메모까지 해야 해?"

룰루가 심술궂은 미소를 지으며 말했고, 니나도 덩달아 킬킬거렸다.

"탐정들은 원래 늘 메모장을 갖고 다녀!"

짐이 억울하다는 듯 반박했지만, 사실 룰루의 핀잔과 놀림에 무감각해진지 오래였다.

"뭐, 날 놀리는 건 이쯤에서 그만두고 앞으로의 수사 방향에 대해서나 의논하는 게 어때?"

"니나와 난 한지히 선생님을 만나러 갈 거야. 그날 무슨 일이 있었는지 좀 더 정확히 알 필요가 있으니까 말이야."

말투는 단호했지만 룰루는 결국 양 손바닥을 위로 향한 채 어깨를 한 번 으쓱하고 말았다.

"솔직히 나도 필요한 정보들을 어떻게 캐내야 좋을지 좋은 아이디어가 떠오르지 않아."

"어쨌든 시도는 해 봐야지."

니나가 의자에서 벌떡 일어나며 말했다.

세 친구는 금세 집 밖으로 나섰다. 그 사이 짐의 손에는 커다란 케이크 조각 하나가 들려 있었다. 짐은 니나와 룰루에게 행운을 빌어준 뒤 어디론가 가 버렸다.

18 문제

룰루는 수업을 마친 뒤 1시 20분에 집에 도착했다. 평소보다 30분이 늦은 시각이었다. 집에 도착한 즉시 점심을 먹었고, 그후 이번 사건의 수사 방향에 대해 심각하게 고민했다. 이후, 친구를 만나러 나갔고, 그로부터 2시간 15분 뒤, 그러니까 정확히 저녁 6시 10분에 다시 집으로 돌아왔다. 그렇다면 룰루가 사건에 대해 고민하며 보낸 시간은 정확히 몇 시간이었을까?

"너무 걱정하지 마!"

짐이 떠나고 난 뒤 니나가 룰루에게 용기를 심어 주려고 말을 건넸다.

"한지히 선생님이랑은 내가 얘길 나눌게. 무슨 얘길 어떻게 꺼내면 좋을지 다 생각이 있거든."

룰루는 니나가 그렇게 총대를 매주는 게 정말이지 눈물 나게 고마웠다. 룰루는 사실 비서 선생님과 얘기를 나누고 싶은 마음이 눈곱만큼도 없었다. 먼발치에서 몇 번 본 게 전부인데다가 한지히 선생님은 가까이만 다가가도 차가운 바람이 쌩쌩 불 것만 같았다. 모르긴 해도 어설픈 소년소녀 탐정들을 위해 기꺼이 시간을 내줄 사람처럼 보이지는 않았다.

총무과 벨을 누른 뒤 니나는 얼른 겉옷을 고쳐 입었다. 어깨 아래까지 내려오는 기다란 검은 머리칼도 다시 한 번 정리했다. 그런 다음 순식간에 '모범생 미소'를 만들어냈다. 흠 잡을 데가 한 군데도 없는 완벽한 모범생의 얼굴이었다. 룰루로서는 그런 니나의 능력이 부러울 뿐이었다. 안타깝지만 룰루에게는 그런 능력이 없었다. 사실 알고 보면 룰루도 착실한 학생이었지만 어른들의 눈에 비친 룰루의 모습은 사실과는 많이 다른 듯했다.

"한지히 선생님, 안녕하세요!"

니나가 최대한 공손하게 인사를 건넸다.

"연락도 없이 이렇게 불쑥 찾아와서 너무 죄송해요. 룰루가 그러더라고요, 자기 아빠가 선생님이랑 좀 아는 사이라고 말예요. 그 말을 듣고 얼마나 반가웠는지 몰라요."

19 문제

한지히 선생님께 가는 길에 룰루와 니나는 슈퍼마켓에 들렀다. 그곳에서 여섯 개가 세트인 사과주스 한 박스를 샀는데, 가격이 7.98유로였다. 묶음이 아니라 낱개로 샀다면 하나당 1.48유로였다. 그렇다면 두 친구는 몇 유로를 절약한 것일까?

"그랬구나. 그런데 무슨 일 있니? 왜 날 찾아온 거니?"

한지히 선생님이 상냥한 미소를 지으며 말씀하셨다. 니나의 범생이 미소가 이번에도 통한 모양이었다.

"사실 저희가 '학교와 스트레스'라는 주제로 보고서를 하나 쓰고 있거든요. 구체적으로 어떤 분야를 다룰지를 얼마나 고민한지 몰라요. 처음엔 동급생이나 선배 혹은 후배 등 학생들의 이야기를 들어봐야겠다는 생각만 했어요. 그런데 갑자기 학생이 아니라 선생님들을 인터뷰하면 어떨까 싶은 생각이 들었어요. 그럼 분명 더 유익하고 재미있는 얘기를 많이 들을 수 있을 것 같았거든요."

또 다시 니나의 전술이 통한 것 같았다. 한지히 선생님은 룰루와 니나를 사무실 옆 작은 탁자로 초대해서 총무과 직원, 그러니까 비서의 고충이 얼마나 큰지에 대해 기나긴 얘기를 늘어놓으셨다. 니나는 그 모든 말들을 보이스레코더에 녹음했다.

"그러니까 한 학교의 비서라는 직책이 결국 온갖 뒤치다꺼리를 해야 하는 힘든 직책이라는 말씀이시죠?"

니나가 모든 걸 다 이해한다는 듯한 표정으로 고개를 끄덕였고, 가장 친한 친구의 '가증스러운' 모습에 룰루는 터져 나오는 웃음을 억누르느라 젖 먹던 힘까지 동원해야 했다.

"아마 개중에는 정말 이상하고 신기한 일들도 많았을 것 같은데요, 비서로 일하시면서 최근 몇 년 동안 겪었던 가장 황당하거나 기억에 남는 사건은 무엇이었나요?"

"그런 사건이야 부지기수였지!"

한지히 선생님이 눈까지 찡긋하시며 말씀하셨다.

"심지어 내가 탐정이 되어야 했던 적도 있다니까!"

"혹시 샤르테 선생님 사건 말씀하시는 거예요?"

룰루가 하늘 끝까지 치솟는 호기심을 겨우 억누르며 최대한 침착한 말투로 물었다.

"우리도 그 사건에 대해서 이미 알고 있어요. 하지만 맹세컨대 아무한테도 발설하지 않을 거예요."

20 문제

룰루의 엄마는 세 친구가 다시 모일 때를 대비해 장을 보러 가셨다. 엄마의 장바구니에는 총 5kg하고도 250g의 물건이 담겨 있었다. 그 안에는 100g짜리 초콜릿이 11개, 귤이 총 2kg 340g, 사과 몇 개 그리고 땅콩이 1kg 230g만큼 담겨 있었다. 그렇다면 장바구니 속 사과의 무게는 얼마였을까?

그때까지 침묵을 지키던 룰루가 꺼낸 이야기에 한지히 선생님은 잠깐 당황한 듯했지만 두 소녀의 표정을 잠시 살핀 뒤에 그 당시 사건을 얘기해 줘도 큰 탈이 없겠다고 생각한 듯했다.

"그러니까 그게 어떻게 된 거냐면 말이지……."

한번 마음을 정하고 나자 한지히 선생님은 청산유수처럼 이야기를 해나갔다.

"정말이지 샤르테 선생님이 그런 일을 저지를 거라고는 꿈에도 상상하지 못했어. 생각해 봐, 도둑질이라니, 그것도 샤르테 선생님이! 말이나 되는 얘기니? 그것도 교내에서 말이야! 뭐, 어쨌든 당시 난 교무실 사용 일지를 꼼꼼히 작성하라는 지시를 받았지. 누가 언제 교무실을 출입했는지 말이야. 난 시키는 대로 했어. 내가 하는 일이 원래 그거니까 당연히 그렇게 하는 게 맞겠지. 그런데 일지를 다 작성할 때쯤엔 이미 범인이 잡힌 뒤였어."

"그러니까 샤르테 선생님이 범인으로 밝혀졌다는 거죠. 어휴, 누가 감히 상상이나 했겠어요?"

니나가 일부러 더 극적인 말투를 쓰며 고개를 휙휙 저었다.

"근데 사실 그 당시 난 샤르테 선생님을 도우려고 했었어."

한지히 선생님이 목소리를 낮추고 소근소근 이야기했다.

니나와 룰루는 다시금 귀를 쫑긋 세우고 한지히 선생님을 향해 몸을 숙였다.

“어떻게 말씀이세요?”

니나가 물었다.

“난 지금도 그날 일이 생생히 기억나.”

한지히 선생님이 의자에 몸을 기대고 팔짱을 끼더니 그 당시를 떠올리는지 눈을 감으셨다.

“2교시가 끝난 뒤 샤르테 선생님이 갑자기 총무과로 들이닥치더니 내 컴퓨터로 인쇄를 좀 해도 되냐고 물으시더라? 어떤 학생이랑 같이 왔었는데, 그게 아마 코르넬리스 뢰브였을 거야. 그 말썽꾸러기 녀석 말이야. 가는 곳마다 사고를 터뜨리는 애거든…….”

“그래서 어떻게 됐는데요?”

룰루가 재촉했다.

“어쩌긴 뭘 어째, 그게 다야. 샤르테 선생님은 원래 좀 정신이 없는 사람이야. 늘 뭔가를 잘 잊어버리고……, 뭐랄까, 무슨 일에든 늘 지각이고……, 왜, 그런 사람 있잖아? 그 당시 샤르테 선생님은 내 손에 디스켓 하나를 쥐어 주시면서 그 안의 어떤 파일을 인쇄해서 자기 서랍에 좀 넣어 놓아 달라고 하셨어. 자기 프린터는 고장이 났다면서 말이야. 그리고는 또 교무실에 가 봐야 한다며 금세 나가 버리셨어. 코르넬리스는 학생증 유효 기간을 연장해야 한다며 남아 있었지. 그런데 가만히 보니 샤르테 선생님이 가방을 놓아두고 가셨더라고. 그걸 본 코르넬리스가 자기가 그 가방을 샤르테 선생님 교실에 갖다 놓겠다길래 난 '아, 내가 생각했던 것보단 훨씬 착한 아이구나' 싶었어. 적어도 그땐 그렇게 믿었다니까!"

한지히 선생님이 분하다는 표정을 지으며 콧김까지 내뿜었다.

"둘이 진짜 가까운 사이 같았거든? 선생님과 학생 사이인데도 불구하고 코르넬리스가 샤르테 선생님한테 말을 놓더라고. 그러니 나로선 당연히 둘이 상당히 가까운 사이라고 생각할 수밖에 없었어. 그런데 그날, 그러니까 사건 당일의 교무실 사용 일지를 다 작성하고 나니 아무래도 뭔가 수상한 거야. 샤르테 선생님의 교무실 출입 열쇠를 누군가가 3교시에 사용했더라고. 그래서 결국 교장선생님께 보고드렸어, 아무래도 코르넬리스 뢰브라는 학생이 문제의 그 돈을 훔친 범인인 것 같다고 말이야. 걔가 범인일 확률이 상당히 높다고도 말씀드렸어. 왜냐면 샤르테 선생님의 열쇠가 바로 그 가방 안에 들어 있었거든. 그러니까 내 말은, 어쩌면 코르넬리스가 아마도 그 열쇠를……"

21 문제

니나도 마트에 들러 군것질거리를 샀다. 59센트짜리 초콜릿 세 개, 1.95유로짜리 꼬마 곰 젤리 한 팩, 땅콩 한 팩, 79센트짜리 오렌지주스 하나를 산 뒤 10유로짜리 지폐를 내니 계산원이 4.30유로를 거슬러 주었다. 그렇다면 땅콩의 가격은 센트로 환산했을 때 얼마였을까?(1유로는 100센트)

"그랬더니 교장선생님이 뭐랬어요?"

룰루가 넘치는 호기심을 참지 못하고 급히 물었다.

"샤르테 선생님한테 당장 전화를 거시더라고. 그런데 정작 샤르테 선생님은 열쇠에 별 관심이 없는 것 같았어. '전 괜찮아요, 상관없어요, 진짜 괜찮아요. 어차피 전 학교를 떠날 사람이잖아요, 그러니 교장선생님도 너무 신경 쓰지 마세요'라고 말했던 것 같아."

"저희가 들어도 이상하네요."

룰루와 니나가 멍하니 머리만 긁적이며 말했다.

"흠, 범인으로 몰린 바로 그 순간엔 샤르테 선생님이 어떤 반응을 보였나요?"

니나가 날카로운 질문을 던졌다.

"아, 사실 난 그 자리엔 없었어. 근데 그 자리에 같이 있었던 어느 여선생님이 그때 상황을 다 말해 주었지!"

한지히 선생님이 잠깐 그 당시를 회고하려는 듯 숨을 골랐다.

"그 선생님 말에 따르면 교무실에서 한바탕 소동이 벌어졌던 것 같아. 돈이 사라졌다는 사실이 밝혀진 게 두 번째 쉬는 시간이었거든? 다들 웅성거리며 이리저리 왔다 갔다 하고 여기저기를 수색했대. 그러다가 누군가가 '다들 내 지시에 따르세요, 제가 수사를 지휘할게요'라고 했다나 뭐라나. 그게 아마 빌트 선생님이었을 거야. 돈을 잃어버린 장본인 말이야. 맞아, 분명 빌트 선생님이었어. 지금은 비젠그룬트 김나지움의 교장선생님으로 가 계신 바로 그분 말이야. 맞아, 분명 내 기억이 옳아."

"그래서 어떻게 됐는데요?"

룰루가 다시금 재촉했다.

"어떻게 되긴 뭐가 어떻게 돼. 선생님들 모두 서랍이랑 가방을 열어서 검사를 받은 거지. 그러다가 샤르테 선생님이 들어왔고,

빌트 선생님의 요청에 따라 샤르테 선생님도 가방이랑 서랍을 고스란히 열어 보이신 거지. 그런데 가방 바닥에서 바로 문제의 그 돈 봉투가 발견된 거야. 자기 가방에서 돈 봉투가 발견된 걸 보고선 샤르테 선생님은 입을 열지도 다물지도 못했대."

한지히 선생님이 잠시 생각에 잠기시더니 갑자기 심각한 눈빛으로 룰루와 니나를 바라보셨다.

"아유, 그런데 내가 이 얘기를 왜 너희들한테 하고 있지? 아무래도 잠시 정신이 나갔나 보다. 어차피 너희들은 이 얘기에 관심도 없을 텐데 말이다."

"아니에요, 충분히 재미있었어요."

룰루가 예의바른 대답을 하는 동시에 니나의 팔을 잡아당기며 자리에서 일어났다.

"시간 내주셔서 정말 감사합니다."

"아냐, 뭘, 당연한 거지."

그리고는 총무과를 떠나는 룰루와 니나에게 친절하게 말씀하셨다.

"보고서 작성 잘 해! 내가 조금이라도 도움이 되었길 바랄게!"

문제 22

니나는 집에 돌아오는 길에 갑자기 샤르테 선생님이 룰루에게 내주신 숙제가 떠올랐다. 그중 한 문제는 정말이지 모두가 힘을 합쳐도 풀기 어려웠다. 흠, 이 책을 읽는 독자들이라면 어쩌면 풀 수 있지 않을까? 그 문제는 다음과 같다.

150m 길이의 기차가 시속 72km로 250m 길이의 다리를 통과하려 한다. 이때 기차의 앞부분이 다리에 진입하는 시각과 기차의 꼬리 부분이 다리를 벗어나는 시각은 얼마나 차이가 날까?

“우리가 사건의 진상에 조금씩 다가가고 있다는 것만큼은 분명해!”

룰루가 흥분을 감추지 못하고 자리에서 튀어 오르며 말했다.

“지금부터 해야 할 일도 분명해. 코르넬리스 뢰브인지 뭔지를 좀 더 자세히 살펴보는 거야!”

“맞아, 그렇게만 하면 모든 문제가 다 해결될 거야!”

니나가 이마를 장난스럽게 두드리며 말했다.

“이제부턴 모든 게 일사천리일걸! 일단 코르넬리스를 찾아가는 거야, 그러면 코르넬리스는 아마도 깜짝 놀라 당황하며 자기가 바로 돈을 훔친 장본인이라 다 털어놓겠지! 그럼 사건은 종료되는 거야, 그치?”

“뭐, 그렇게만 된다면 얼마나 좋겠어! 하지만 그러자면 미리 계획을 꼼꼼하게 짜야겠지?”

니나는 늘 그랬다. 룰루가 최고로 기분이 좋은 상태에서 무슨 의견을 내놓으면 늘 제동을 걸곤 했다.

“어? 짐이잖아? 어쩌면 짐한테 더 좋은 생각이 있을지도 몰라.”

룰루가 주머니에 손을 찔러 넣은 채 휘파람을 불며 자신들을 향해 다가오는 짐을 발견했다.

“우와, 짐이 어떤 녀석인지 몰랐다면 난 지금 짐에게 반해 버렸을 거야. 오늘 진짜 멋있는데!”

룰루가 휘파람을 불며 말했다.

"어이, 그래서 뭐 좀 알아냈어?"

짐이 룰루와 니나를 보며 물었다. 하지만 질문도 잠시, 룰루와 니나가 입을 떼기도 전에 먼저 폭포수처럼 수많은 말들을 쏟아 놓았다.

"야, 있잖아, 그 코르넬리스라는 형 말이야. 정말 문제아였던 것 같아! 우리 형한테 물어봤는데, 사실 코르넬리스가 우리 형보다 한 학년 어리대. 근데도 코르넬리스 형을 잘 알고 있더라고! 그 정도면 코르넬리스 형이 얼마나 사고뭉치였는지 말 안 해도 알겠지?"

짐은 잠시 말을 멈추고 동의를 구하듯 씩 웃었다.

"모르긴 해도 가는 곳마다 사고를 쳤나 봐. 휴지통에 불을 지르는 정도는 아무것도 아니었던 것 같고, 기본적으로 주변 사람들을 괴롭히는 타입이래. 선생님과 정면으로 맞붙은 적도 있다는 것 같았어."

거기까지 말한 짐이 갑자기 주변을 살피더니 목소리를 낮췄다.

"그게 전부가 아니야. 그보다 더 엄청난 게 있어. 너희들은 아마 짐작도 못할걸! 그 코르넬리스라는 형이 말이야, 친구들한테 시험문제를 팔아넘겼대!"

특종을 던진 짐은 두 친구의 반응을 살폈다.

"대체 무슨 말이야? 제발 좀 알아들을 수 있게 말해 봐!"

룰루가 다급하게 재촉했다.

"그러니까 내 말은, 그 코르넬리스라는 형이 시험 문제를 팔아넘겼다고! 며칠 뒤 시험을 봐야 하는 학생들한테 자기가 미리 입수한 문제를 팔아넘긴 거야. 그 시험 과목을 담당한 선생님이 누구였는지는 굳이 말할 필요도 없겠지?"

23 문제

시험 문제 중 하나는 자동차의 주행 속도에 관한 것이었다. 어떤 자동차가 54㎞/h로 달리고 있는데 전방 15m 앞쯤에서 갑자기 공 하나가 도로로 튀어 나왔다. 운전자가 그 공을 발견한 즉시 브레이크를 밟아 1초 후에 정지할 경우 자동차는 몇 미터를 달린 뒤 정지하게 될까?

"설마 샤르테 선생님?"

룰루와 니나가 동시에 합창을 했다. 짐은 가만히 고개만 끄덕였다.

"그게 언제였는데?"

니나가 물었다.

"형도 정확히는 기억이 안 난대. 근데 어쨌든 샤르테 선생님이 학교를 그만둘 때까지 코르넬리스가 계속 '시험 문제 장사'를 한 것 같대."

짐은 자신의 수사 능력을 상당히 만족스러워 하는 것 같았다.

"그 코르넬리스라는 오빠를 반드시 털어봐야겠어."

룰루가 선언했다.

"어느 학교로 전학 갔는지 혹시 알아? 지금은 어느 학교에서 또 다시 못된 짓을 벌이고 있대?"

"한네스 오빠보다 한 학년 어리다고 했으니 지금 10학년이겠네."

니나가 조용히 말했다.

"어느 학교에 다니는지는 몰라."

부정적인 답이었지만 짐의 표정은 아주 밝았다.

"대신 어느 축구 클럽에서 뛰는지를 알고 있지!"

표정이 밝았던 이유가 다 있었던 것이다.

“와, 너 정말 대단하다, 짐!”

룰루가 짐의 어깨를 툭 쳤다.

“이야, 우리 정말 끝내주는 팀이야, 그치?”

니나와 짐도 신이 나서 고개를 끄덕였다.

“이렇게 끝내주는 친구들이 한 자리에 모인 만큼 잠시 수학 문제를 푸는 게 어떨까? 샤르테 선생님이 내주신 숙제 말이야.”

룰루가 간절한 눈빛으로 니나와 짐을 바라봤다.

“제발, 제발, 제발!”

아예 애걸복걸하는 수준이었다.

“제발 좀만 도와줘, 괜찮지?”

“대신 문제를 다 풀고 난 다음에는 이제 진범을 어떻게 잡을 것인지 계획을 세우는 거야, 알았지?”

짐이 엄숙한 얼굴로 말했다.

“당근이지!”

룰루가 눈빛을 반짝이며 진지한 얼굴로 손을 들어 보였다.

“이제 사건이 거의 다 해결되어 가는 마당에 계획을 안 세울 순 없지, 암, 그렇고말고!”

룰루의 수학 숙제에 제시된 문제들 중 한 문제를 우리도 같이 풀어 보자.

어떤 주사위의 모서리 한 개의 길이가 5cm이다. 만약 모서리의 길이를 1cm 늘이면 6개 면의 전체 면적은 얼마나 더 커질까?

토요일 오전, 더 없이 화창한 날씨와 눈부신 햇빛을 받으며 니나는 축구장으로 향했다. 코르넬리스 뢰브가 소속된 청소년 축구팀 하젠브루흐가 그날 경기를 치른다는 정보를 입수한 것이다. 니나는 제발 코르넬리스가 경기장에 나타나기만을 바라며 걸음을 옮겼다.

시립 공원 축구장에 니나가 도착했을 때쯤에는 이미 경기가 진행 중이었다. 니나는 관중들 틈에서 빈자리를 찾아 앉았다. 관중들이래야 선수들의 부모님, 형제자매, 친구가 대부분이었다.

니나는 날카로운 전문가의 눈빛으로 경기 진행 상황을 관찰했다. 진행이 꽤 빠른, 공격적인 매치였다. 양 팀 선수들 모두가 둥근 공을 차지하기 위해 필사적으로 달렸다. 같은 팀원 사이에서도 예사롭지 않은 긴장감이 감돌았다. 엉뚱한 곳으로 패스를 했다가는 팀원들로부터 금세 거친 말이 되돌아왔다.

'어휴, 남자애들은 정말이지 못 말려!'

니나가 콧잔등에 주름을 잡으며 고개를 절레절레 흔들었다. 니나가 소속된 여자 축구팀 팀원들도 가끔 욕을 하긴 했다. 하지만 비난의 화살은 대개 같은 팀 동료가 아니라 상대 팀 선수들에게 돌아갔다.

'뭐, 축구를 하다 보면 그 정도 욕은 어쩔 수 없지!'

경기가 시작된 지 얼마 지나지도 않아 하젠브루흐 팀이 한 골을 넣었다.

"코르넬리스! 뭐하고 있어?"

베겐호르스트 팀의 반격이 시작될 무렵 하젠브루흐 팀 감독이 큰 소리로 외쳤다.

"야, 뭐해! 지금 걔가 네 뒤에서 그림자처럼 착 달라붙어 있잖아! 어서 빠져나오라고!"

'코르넬리스'라는 이름만 듣고도 어찌나 놀랐던지 니나는 심장이 오그라드는 것만 같았다. 그때 필드에서 뛰고 있던 선수 하나가 감독을 향해 걱정 말라는 듯 눈을 찡긋하며 손을 흔들어 보였다. 코르넬리스였다! 마침내 코르넬리스를 찾아낸 것이었다!

이후 니나는 경기가 끝날 때까지 코르넬리스의 일거수일투족을 꼼꼼히 분석했다. 실력이 나쁘지 않은 것 같았다. 경기 흐름도 잘 판단하는 것 같았고 스피드도 좋았다. 그리고 무엇보다 골 결정력 면에서 두각을 드러냈다! 코르넬리스는 후반전에 골대를 두 번이나 흔들었고, 하젠브루흐는 베겐호르스트를 결국 3대 1로 격파했다.

"와, 정말 박진감 넘치는 경기였어!"

니나가 흥분해서 혼잣말을 중얼거렸다.

그런데 한 가지 문제가 있었다. 코르넬리스에게 다가가 말을 걸 용기가 나지 않는다는 것이었다. 니나는 이 곤란한 임무를 자기한테 떠넘긴 룰루와 짐이 갑자기 너무 미워졌다. 그 둘을 향해 한바탕 실컷 퍼부어야 직성이 풀릴 것만 같았다.

"뭐라고? 부모님이랑 어딜 가서 뭘 먹는다고? 베를린에서 오랜 친구가 찾아오기로 했다고? 쳇! 지금 그걸 핑계라고 대는 거야? 지금 이 순간 이 일보다 중요한 게 뭐가 있다고 그렇게 쏙 빠져나가 버려? 힘든 일은 만날 나한테 떠넘기고 말이지!"

하지만 목에 핏대를 올릴 시간이 그다지 많지 않았다. 코르넬리스가 라커룸으로 향하고 있었다. 다행히 마지막 순간, 그러니까 코르넬리스가 라커룸 안으로 사라지기 직전, 니나는 용기를 내어 입을 열었다.

"저기요……, 코르넬리스 오빠 맞죠?"

니나가 코르넬리스의 티셔츠 자락을 잡아당기며 말을 걸었다 그러자 코르넬리스는 잡았던 문고리를 다시 놓더니 천천히 몸을 돌려 니나를 뚫어지게 쳐다보았다. 몇 초도 안 되는 짧은 순간이었지만 니나는 그 몇 초가 마치 영원처럼 느껴졌고, 가슴은 또 왜 그리 콩닥콩닥 뛰는지 알 길이 없었다.

25 문제

경기장에 갈 때 니나가 가져가는 가방은 정확히 직육면체 모양이다. 사이즈가 24cm×360mm×8.6dm라면 그 가방의 표면적은 총 얼마일까?

"맞아, 내가 코르넬리스야. 그런데 무슨 일이지?"

"시간 좀 내주실 수 있어요?"

니나가 두근거리는 가슴을 진정시키며 말했다.

"클럽 소식지를 작성 중인데 오빠와의 인터뷰를 거기에 실었으면 해서요."

"어느 클럽 소식지 말이지?"

코르넬리스가 조금 놀란 듯한 눈빛으로 물었다.

"하젠바인……, 아니 하젠브루흐 팀에서 발간하는 소식지예요."

니나가 재빨리 둘러댔다.

그러자 코르넬리스는 갑자기 니나를 머리부터 발끝까지 찬찬히 뜯어보았다.

"그 소식지란 게 혹시 아동용 신문?"

"치, 오빠도 뭐 그다지 어른스럽게 보이진 않아욧!"

자기를 어린애 취급하는 게 화가 나 니나가 발끈하며 쏘아붙였다.

"아, 기분 나빴어? 그렇다면 미안."

코르넬리스가 고개를 뒤로 젖히며 웃음을 터뜨렸다.

"알았어, 잠깐만 기다려. 금방 나올게."

니나는 얌전하게 고개를 끄덕이며 뒤로 물러났다. 그러다 그때 마침 우르르 몰려오던 다른 선수들과 부딪치며 비틀거렸고, 그 순간 갑자기 얼굴이 붉게 확 달아올랐다.

"아, 이게 뭐야, 아, 창피해, 창피해, 창피해!"

정말이지 쥐구멍이 있기만 하다면 당장 숨어 들어가고 싶었다.

'내가 과연 인터뷰를 잘 해낼 수 있을까? 휴, 몰라, 몰라, 어쩜 좋아!'

니나는 기자 행세를 하면 분명 코르넬리스가 감쪽같이 속아 넘어갈 거고, 그보다 더 좋은 아이디어는 없다고 믿었다. 한지히 선생님과의 인터뷰도 무사히 잘 넘어갔다. 그야말로 천재적인 위장술이었다! 실제로 기자와 탐정 사이에는 중대한 공통점이 한 가지 있다. 진실을 파헤치기 위해 수많은 질문을 던진다는 것이다. 그래서 오늘 아침까지만 해도 자신의 계획이 일사천리로 진행될 것만 같았다. 그런데 지금은 정말이지 당장이라도 그곳에서 벗어나고 싶은 마음뿐이었다.

"인터뷰는 어디에서 하지?"

갑자기 나타난 코르넬리스가 니나 곁에 멈춰 서며 물었다.

"솔직히 난 지금 몹시 콜라가 당기거든? 같이 갈 거지?"

니나는 어떻게 대답해야 할지 몰라 주저했다.

"왜? 돈이 없어? 걱정 마. 오늘 아침에 부모님한테 이번 달 '월

급'을 받았거든. 그래서 난 지금 록펠러[1)]가 된 기분이고, 그러니 콜라는 내가 사겠다는 거예요, 무슨 뜻인지 이해가 가나요, 기자 양반!"

코르넬리스가 고개를 까딱이며 윙크를 했다.

문제 26

축구 시합이 끝나면 선수들은 늘 다양한 간식거리를 먹곤 했다. 오늘은 장을 본 뒤 물건들을 저울에 한 번 달아 보았다. 한 개에 162g인 사과 몇 개와 9g짜리 호두 여러 개, 27g짜리 초콜릿 몇 개를 저울에 올렸는데 10단위 표시기가 고장이 나서 14(　)7g으로만 나왔다. 그렇다면 괄호 안에 들어가야 할 숫자는 얼마일까?

1) J. D. Rockfeller. 미국의 사업가. 석유 사업에 뛰어든 뒤 재벌 목록에 이름을 올린 최대 부호 중 한 명

"네, 알았어요."

니나는 모깃소리로 대답한 뒤 얌전하게 코르넬리스를 뒤따랐다.

'어휴, 인터뷰까지 요청한 마당에 얻어먹기까지 하다니, 미안해서 어떡해…….'

니나 생각엔 자기가 너무 뻔뻔스러운 것 같았다.

'잠깐, 어쩌면 부모님으로부터 받은 용돈이 아닐지도 몰라. 혹시 지난번에 훔친 돈으로 나한테 콜라를 사 주는 건 아닐까? 맞아, 충분히 가능성이 있는 얘기야! 코르넬리스는 이번 사건의 제1용의자잖아!'

니나는 아빠가 주신 낡은 녹음기를 탁자 위에 올려놓은 뒤 작동이 되는지 직접 시험해 보았다. 그런 다음 오늘 있었던 경기와 두 팀의 관계에 대해 몇 가지 질문을 던졌다. 알고 보니 두 팀은 라이벌 중의 라이벌이요 만나기만 하면 혈전을 펼치는 천적 관계였다. 인터뷰가 끝난 뒤 니나는 '중지' 버튼을 눌렀다. 콜라는 아직도 반 이상 남아 있었다.

"그런데 어느 학교에 다니세요?"

니나가 슬쩍 물었다. 한편으로는 얘기를 계속 이어가기 위해, 다른 한편으로는 자기가 원하는 방향으로 대화를 유도하기 위해 던진 질문이었다. 사실 진짜 인터뷰는 이제부터 시작이었다! 물론 그 사실은 인터뷰 상대한테는 일급비밀이었다!

"비젠그룬트 김나지움에 다니고 있어."

코르넬리스가 나긋나긋한 목소리로 대답했다.

"넌 어느 학교에 다니니?"

"라이프니츠 김나지움이요."

니나가 꼭 필요한 대답만 한 뒤 코르넬리스의 반응을 살폈다.

"나도 그 학교에 다닌 적 있어!"

코르넬리스가 적잖이 놀라며 말했다.

"진짜예요? 거짓말 아니죠?"

니나는 양손을 마주잡고 눈을 휘둥그레 뜨며 일부러 더 놀라는 척했다.

"가만, 그럼 오빠가 바로 그 이름만 대면 누구나 안다는 코르넬리스……?"

"내 이름을 누구나 다 알고 있다고?"

방금 전보다 훨씬 더 놀란 표정이었다.

"우와, 어떻게 이런 일이 있을 수 있죠? 그 악명 높은 코르넬리스 말예요. 휴지통에 불 지르고 선생님들을 폭발하게 만들고…….”

니나가 잠시 말을 끊고 콜라를 한 모금 마셨다.

“한 마디로 오빤 우리 학교의 살아 있는 전설이에요, 전설!”

27 문제

소수란 1과 자기 자신으로만 나누어떨어지는 숫자를 뜻한다. 1부터 50 사이의 소수들을 모두 적은 뒤 그 숫자들을 모두 합한 것이 이 문제의 정답이다.

"으응……, 그렇구나."

코르넬리스가 어색한 웃음을 지었다. 자기가 악명 높은 전설이라는 소식이 그다지 반갑지는 않은 게 분명했다.

"누구나 한때 저지르는 철없는 장난이지, 뭐."

"시험 문제를 팔아넘겼다는 소문도 있던데요? 혹시 지금 다니는 학교에서도 시험 문제를 다른 반 친구들한테 넘기나요?"

코르넬리스는 격렬하게 손을 가로저었다. 니나의 질문에 충격을 받은 듯했다.

"아니, 아니, 다시는 절대 안 해! 맹세컨대 그때 몇 번 저지른 게 전부야. 신기하게도 상황이 딱딱 맞아떨어지면서 우연히 그런 기회가 주어졌던 거였어. 그 당시, 나랑 아주 가까운 사이인 선생님이 있었거든. 그래서……, 그러니까 내 말은……, 정말이지 그건 멍청한 바보짓이었어!"

"그 때문에 퇴학을 당한 거예요?"

니나가 코르넬리스를 더더욱 압박했다.

"난 퇴학당한 게 아냐!"

코르넬리스가 컵을 탁자 위에 쾅 내려놓으며 소리를 질렀다.

"좋아, 그 당시 내가 이런저런 못된 짓들을 저질렀던 건 깨끗이 인정할게. 하지만 시험 문제를 사고 판 것은 다른 사람들에게 알려지지도 않았어!"

잠깐 말을 끊은 코르넬리스가 니나를 째려보더니 다시 말을 이었다.

"밖으로 알려져서도 안 되는 일이지! 게다가 이미 오래전 일이야. 내 말, 무슨 뜻인지 알지?!"

니나는 조용히 고개를 끄덕였다.

"그래, 맞아, 사실 난 선생님들이 정말 싫어하는 학생이었어. 모든 학교, 모든 선생님들이 싫어하는 '기피 대상 1호 학생'이었지. 그런데 정말 고맙게도 비젠그룬트 김나지움의 교장선생님이 내게 기회를 주셨어. 정말 고마운 일이었고, 그 이후 나도 변했어. 지금은 완전히 딴 사람이 되었고, 예전에 저질렀던 것과 같은 그런 바보짓들은 절대 되풀이하지 않을 거야!"

28 문제

소인수란 어떤 숫자의 약수들 중 소수인 수들을 뜻하고, 소인수분해란 큰 숫자를 소수들의 곱으로 나타내는 것을 뜻한다. 다음 두 개의 숫자들을 소인수분해한 뒤 각각의 숫자들을 더해 보자.

1 798=

2 3,795=

“흠, 알았어요.”

니나는 의자에 엉덩이를 깊숙이 묻고 등받이에 편하게 기댄 채 코르넬리스를 뚫어져라 쳐다보았다. 뭔가를 캐내려는 듯한 눈빛이었다.

“뭐야, 왜 그래? 내 얼굴에 뭐라도 묻었어?”

코르넬리스가 불안한 듯 의자를 앞뒤로 까딱이며 물었다.

“아까 말한 그 친하다는 선생님 있잖아요, 이름이 어떻게 되죠?”

니나가 물었다.

“응? 아, ‘게오르크 샤르테’야. 샤르테 선생님을 아니?”

분명 니나에게 하는 질문이었지만 코르넬리스는 대답을 기다리지 않고 자기가 하고 싶은 말을 계속했다.

“샤르테 선생님과 나는 정말 찰떡궁합이었어. 척 하면 척이었다니까. 정말 멋있는 분이셨지. 그런데 지금은…….”

“지금은 어떤데요?”

“응? 아, 너랑은 상관없는 얘기야.”

코르넬리스가 남은 콜라를 쭉 마신 뒤 입을 한 번 훔쳤다.

“그런데 참, 너는 하젠브루흐 팀에서 뭘 한댔지?”

코르넬리스가 갑자기 대화의 주제를 바꾸었다.

“설마 마루운동이나 재즈댄스는 아니겠지?!”

코르넬리스가 비꼬듯이 말했다.

“당연히 축구죠! 저도 엄연한 축구 선수라고요!”

코르넬리스의 빈정거리는 말투에 화가 난 니나가 경솔하게 말을 내뱉어 버렸다.

“뭐야, 하젠브루흐 스포츠 클럽 소속 축구 선수라고?”

코르넬리스가 갑자기 가느다랗게 실눈을 뜨며 니나를 째려봤다.

“그러니까……, 네, 맞아요…….”

니나가 기어들어가는 목소리로 대답했다. 자신이 무슨 실수를 저질렀는지 깨달았던 것이다.

“뭐야, 지금 나랑 장난이라도 치겠다는 거야? 하젠브루흐 스포츠 클럽에 여자 축구팀이 있다는 얘긴 들어본 적이 없는걸!”

“그래요?”

니나는 아무것도 아는 게 없는 듯 시치미를 뚝 떼었다.

“확실해! 잠깐, 대체 넌 정체가 뭐야? 뭐하는 아이지? 내게 뭘 원하는 거야?”

코르넬리스가 갑자기 니나의 손목을 홱 낚아챘다.

“원하는 거라뇨, 그런 거 없어요. 전 그저…….”

니나가 손목을 빼며 말을 얼버무렸다.

이번에는 분수에 관한 문제이다. 우선 간단한 것부터 풀어 보자. 세 친구에게 우연히 24,200유로라는 큰돈이 생겼다. 이제 그 돈을 분배할 차례인데, 짐은 그중 $\frac{3}{5}$를, 니나는 $\frac{4}{11}$를, 나머지는 룰루가 갖기로 합의했다. 그렇다면 짐과 니나 그리고 룰루가 각각 갖게 될 액수는 정확히 얼마일까?

"사실 처음부터 찜찜했어. 나랑 인터뷰를 하겠다고? 아까 뭐라 그랬지? '클럽 소식지'라고? 그런 게 있기나 한 거야? 웃겨서 까무러치겠네, 진짜!"

"거짓말 아니에요, 진짜로 소식지가 있어요!"

니나가 이를 악물며 대답했다.

"난 하젠브루흐 소식지에 글을 쓰는 기자일 뿐이에요. 운동은 다른 클럽에서 하고 있어요. 저, 진짜 축구 선수 맞아요. 제가 속한 팀 이름은……."

"됐어, 됐어. 괜찮으니까 소설은 그만 써! 난 그만 가 볼래. 참, 아까 뭐랬지? 계산은 네가 하겠다고 그랬나? 아니다, 돈이 없다고 했지? 너무 걱정하지 마. 접시만 좀 닦으면 될 거야!"

말을 마친 코르넬리스는 자리에서 일어나 가방을 들고 입구 쪽으로 뚜벅뚜벅 걸어갔다.

"잠깐만요!"

니나가 황급히 코르넬리스를 불러 세웠다.

"전부 다 말할게요!"

그러자 코르넬리스는 방향을 틀어 다시 자리에 앉았다.

"자, 시작해 보시지!"

코르넬리스가 상당히 어두운 표정으로 니나를 위협했다.

"또 한 번 거짓말을 했다간 무슨 일이 벌어질지 몰라!"

니나는 숨을 한 번 깊이 들이쉬었다. 하지만 전부 다 들키고 말았다는 자책감과 이제 어떻게 해야 좋을지 모르겠다는 당혹감에 한숨이 절로 나왔다.

결국 니나는 샤르테 선생님에 관해 자기가 알고 있는 것 전부를 말 해줄 수밖에 없었다. 룰루가 샤르테 선생님의 뒷조사를 한 것, 사실은 샤르테 선생님이 범인이 아니라는 것, 여러 가지 정황을 조합하며 해당 사건을 수사 중이라는 사실 등 니나는 그야말로 모든 것을 코르넬리스에게 털어놓았다.

"그렇게 수사를 하다 보니 결국 오빠가 교무실에 출입할 수 있는 유일한 학생인 걸로 드러났어요."

니나가 마지막으로 코르넬리스가 주요 용의자라는 사실까지 알려 주었다.

"오빠가 그날 교무실 출입 열쇠를 사용했다는 증거도 있어요."

문제 30

니나의 콜라 병에 현재 450ml의 콜라가 들어 있다. 콜라 병을 정확히 $\frac{2}{3}$ 채우는 양이었다. 그렇다면 그 병에 몇 ml의 콜라를 더 담을 수 있을까?

"잠깐, 잠깐."

코르넬리스가 니나의 말을 끊었다.

"내가 제대로 들은 거 맞아? 그러니까 샤르테 선생님이 돈을 훔쳤고 그 때문에 학교를 떠나야 했다고? 그리고 지금 너희들은 그 돈을 훔친 진범이 나라고 의심하고 있다는 거지?"

"설마 그 사건에 대해 전혀 모르고 있었던 것은 아니겠죠?"

니나가 반문했다.

"오빠가 무슨 말을 해도 난 믿지 않을 거예욧!"

"좋을 대로 생각해! 적어도 내가 알기론 당시 샤르테 선생님은 우리 엄마한테 대학교에 자리가 나서 지금 하고 있는 일을 접겠다고 하셨어."

코르넬리스가 컵을 손에 쥔 채 빙글빙글 돌리며 말했다.

"그런데 네 얘기를 듣고 보니 몇 가지 의문이 풀렸어. 그러니까 그날 말이야, 그날……."

하지만 코르넬리스는 말을 끝맺기도 전에 가방을 들고 자리에서 일어나더니 탁자 위에 5유로를 올려두었다. 하지만 니나 쪽은 쳐다보지도 않았다.

"그니까 뭐예요, 결국 오빠가 그 돈을 훔친 거예요?"

니나가 소심한 목소리로 물었다.

코르넬리스는 나가려던 몸을 홱 틀었다. 잔뜩 화가 난 눈빛이었다.

“너희들 대체 날 어떻게 보고 있는 거야? 라이프니츠에 다니는 애들은 전부 너처럼 멍청해? 쳇, 좋아, 정말 너희들이 그렇게 의심하고 있다면 내가 진범이라는 사실을 한 번 증명해 봐! 아무리 털어도 먼지 한 톨 나오지 않을걸!”

그 말을 마지막으로 코르넬리스는 떠나 버렸고 니나는 왠지 모를 서러움과 두려움이 한꺼번에 밀려오는 것을 느꼈다. 뱃속에서 무언가가 부글부글 끓고 있는 것 같기도 했다.

문제 31

분수는 약분을 하면 계산하기가 더 쉬워진다. 다음 세 분수들을 약분한 뒤 분자들을 합한 것이 이 문제의 정답이다!

1 $\frac{210}{350} =$ ……

2 $\frac{146}{365} =$ ……

3 $\frac{93}{124} =$ ……

"너무 낙담하지 마, 넌 어디까지나 최선을 다한 거야."

룰루가 니나를 끌어안으며 위로했다.

"나도 알아. 그래도 기분이 너무 이상해!"

니나가 콧잔등에 힘을 주며 말했다.

"어쨌든 코르넬리스 오빠한테는 더 이상 어떤 정보도 얻어낼 수 없어. 내가 전부 다 망쳐 버렸거든! 아, 정말 말도 안 돼! 짜증나 죽겠어!"

자기 자신에게 이루 말할 수 없이 화가 난 니나가 발까지 쾅쾅 굴렀다.

"근데 있잖아, 코르넬리스 오빠 말인데, 알고 보니 되게 상냥하더라……?"

혼자 구르고 혼자 소리 지르고 머리도 쥐어뜯던 니나가 갑자기 조용한 목소리로 덧붙였다.

"정말 상냥했다고?"

심상치 않은 분위기를 직감한 룰루가 니나를 심문했다.

"응, 진짜야! 축구도 진짜 잘하고 생긴 것도 진짜 멋있어. 파란 눈동자에 갈색 곱슬머리였어! 키는 그다지 크지 않았는데, 뭐랄까……."

니나가 잠시 생각에 잠겼다.

"그래도 완전 귀엽다고?"

룰루가 니나를 놀렸다.

"아냐, 내 말은 그게 아냐! 물론……, 재미있긴 했어. 하젠브루흐 팀 선수들을 놀릴 때 정말이지 웃겼다니까. 참, 녹음도 해두었어. 한 번 들어볼래?"

"이번 사건과 관련된 중요한 정보가 아니라면 난 과감히 포기할게."

평소와 다른 니나의 모습에 룰루가 적잖이 놀라며 대답했다.

"물론 아직도 코르넬리스 오빠가 진범이라는 의심을 완전히 지울 순 없어. 적어도 자기가 범인이 아니라는 사실을 증명하려고 하지 않았거든."

말은 그렇게 했지만 니나의 표정에는 왠지 모를 수심이 가득했다.

"어쨌든 이제 와서 수사를 그만둘 순 없어. 꼭 진범을 잡고 말겠어!"

룰루가 니나의 침대에 벌러덩 누운 뒤 천장을 바라보며 말했다.

"빌트 선생님에 대해선 아직 아무것도 모르잖아? 빌트 선생님은 돈을 도난당한 희생자니. 어쩌면 빌트 선생님한테서 중요한 정보들을 캐낼 수 있지 않을까? 처음에 돈을 어디에 보관했는지, 그리고 그 장소를 아는 사람이 누가 있었는지 등등에 대해 말이야."

"맞아!"

불안하게 방 안을 오가던 니나의 표정이 갑자기 밝아졌다.

"우린 반드시 그걸 알아내야 해! 그 돈의 존재를 알고 있던 사람이 누구인지 말이야! 코르넬리스 오빠도 그걸 알고 있었을까?"

32 문제

이번 문제는 정말 재미있는 문제이다!
$\frac{5}{7}$와 $\frac{6}{7}$의 정확히 중간에는 어떤 분수가 와야 할까? 그 분수가 얼마인지 찾아낸 뒤 분모가 분자를 더한 값이 이 문제의 정답이다!

"아이고, 니나야!"

룰루가 한숨을 내쉬었다.

"지금 우린 중대한 사건을 수사 중이야. 용의자의 외모가 훌륭하다는 이유만으로 그 사람을 용의선상에서 제외할 순 없어. 그 정도는 너도 잘 알고 있겠지?"

"대체 무슨 소리야!"

이번에는 니나가 화를 냈다.

"제발 부탁인데 날 좀 그만 놀려!"

"알았어, 알았다고. 그렇게 화낼 것까진 없잖아!"

룰루가 겨우 미소를 지어 보인 뒤 다시금 천장을 멍하니 쳐다보며 말했다.

"근데 말이야, 한지히 선생님이 뭐랬는지 혹시 기억나? 빌트 선생님이 지금 어느 학교의 교장선생님으로 갔다고 했잖아? 그 학교가 어느 학굔지 혹시 기억나?"

"비젠그룬트 김나지움이었어."

니나가 아직도 화가 덜 풀렸는지 토라진 말투로 대답했다.

"맞아. 그 학교였어!"

룰루가 눈을 비볐다.

"내일 그 학교에 한 번 가 봐야겠어. 가서 한 번 분위기를 살펴보는 거야. 빌트 선생님을 볼 수 있을지는 모르겠지만, 일단 한 번

가 봐야지!"

그때 복도에서 발소리가 들리더니 문이 열리고 짐이 방 안으로 들이닥쳤다.

"어휴, 부모님이랑 야외로 나가는 것보다 더 지루하고 따분한 일이 뭔지 아는 사람? 그런 게 있다면 그게 뭔지 제발 좀 알려 줄래? 얌체같이 한네스 형은 자기만 쏙 빠져 나갔다니까!"

짐이 책상 앞에 놓여 있던 의자에 털썩 주저앉으며 푸념을 늘어놓았다. 그런 다음 룰루와 니나를 차례로 쳐다보았다.

"아, 맞아, 코르넬리스 형과의 인터뷰는 어떻게 됐어? 인터뷰를 하긴 했어? 혹시 겁나서 꽁지를 뺀 건 아니야?"

"넌 대체 이 몸을 어떻게 생각하는 거야?"

니나가 발끈하더니 코르넬리스와 있었던 일을 짐에게 다시 한 번 보고했다.

"아무래도 막다른 길에 다다른 것 같아!"

니나의 말을 끝까지 들은 짐이 걱정스런 말투로 말했다.

"그런 거 같지?"

룰루가 씩 웃으며 말했다.

"지금 난 올텐부르크 선생님이 내주신 수학 숙제를 풀어야 할 때와 비슷한 기분이야."

"그거랑은 다르지. 네 수학 실력도 조금씩 나아지고 있잖아!"

니나가 다시 '선생님 모드'가 되어 룰루를 격려했다.

"지난 번 수학 시간에도 정말 잘하던데? 적어도 내가 보기엔 그렇게 느껴졌어."

"칭찬해주셔서 감사합니다, 니나 선생님!"

룰루가 겸연쩍은 미소를 지으며 말했다.

"사실 내 인생철학도 바로 '절대로 공에서 눈길을 떼지 마라'는 거야! 이번 사건도 마찬가지야. 긴장의 끈을 늦추지 말고 수사를 계속 진행하자. 어때, 다들 동의하지?"

문제 33

분수를 더하거나 빼려면 그 분수들의 분모를 통일한 다음 계산해야 하고, 그 과정을 '통분'이라 부른다. 그렇다면 다음 세 분수를 통분하면 분모는 얼마가 될까?

$\frac{3}{7}$, $\frac{8}{11}$, $\frac{3}{4}$

룰루는 월요일에 당장 비젠그룬트 김나지움으로 향했다. 정말이지 훌륭한 타이밍이었다. 그날 룰루는 마지막 시간에 수업이 없어 학교가 파하기 전에 비젠그룬트 김나지움으로 향할 수 있었다. 자전거를 타고 가는 내내 룰루는 지난 며칠 동안 일어난 일들을 다시 한 번 되새겼다.

'샤르테 선생님이 만약 그 돈을 훔치지 않았다면 결국 다른 선생님이나 코르넬리스 뢰브가 범인이라는 뜻이야. 니나는 믿고 싶어 하지 않지만, 결국엔 니나도 인정했잖아. 아직도 여전히 코르넬리스 오빠가 가장 유력한 용의자라는 사실을 말이야. 문제는 코르넬리스 오빠가 범인이라는 사실을 증명할 길이 없다는 거지! 그렇다면 결국 방법은 하나밖에 없어. 코르넬리스 오빠의 자백을 받아내는 거야. 물론 순순히 자백할 리는 없겠지? 그렇다면 증거를 더 수집하는 수밖에 없어. 지금까지 찾아낸 증거들만으로는 충분치 않아. 제발 빌트 선생님이 유용한 정보를 좀 주셔야 할 텐데…….'

그런 생각들을 하며 룰루는 자전거의 속력을 높였다.

'코르넬리스 뢰브, 우리가 널 꼭 체포하고 말겠어!'

사실 비젠그룬트 김나지움에 간다 하더라도 얼마나 많은 정보들을 캐낼 수 있는지는 확실치 않았다. 하지만 죽이 되든 밥이 되든 한 번쯤 시도할 가치는 충분히 있었다.

'잠깐, 빌트 선생님 앞에서 그 사건 얘기를 꺼내도 괜찮긴 한 걸까? 이미 오래전 사건인데 기억이나 하고 계실까? 그런데 대체 그 사건이 어떻게 지금까지 밖으로 새지 않았지? 어휴, 제발 빌트 선생님도 한지히 선생님처럼 말이 하고 싶어 좀이 쑤신 스타일이어야 할 텐데……. 근데 한지히 선생님은 총무과 직원에 불과하지만 빌트 선생님은 교장선생님이잖아? 나 같은 학생을 교장선생님이 만나주시기는 할까? 어휴, 결코 쉽지 않을 것 같아…….'

룰루는 학교 앞에 자전거를 세우고 붉은 벽돌로 지어진 건물을 유심히 관찰했다. 사실 얼마 전까지만 해도 비젠그룬트라는 학교 이름은 들어본 적도 없었다. 그리고 그 학교의 실물을 마주하고 보니 그간 한 번도 들어 본 적이 없는 게 오히려 당연하게 느껴졌다. 규모가 상당히 작은 학교였기 때문이었다. 게다가 비젠그룬트 김나지움은 라이프니츠 김나지움과 비교할 때 위치상으로도 완전히 극과 극이었다.

생각에 잠겨 있느라 얼마나 먼 거리인지 인식하지 못했지만, 막상 비젠그룬트 김나지움에 도착해 자전거를 세울 때쯤 룰루의 다리는 납덩이처럼 무겁고 후들후들 떨렸다.

룰루는 자전거를 잠근 뒤 교문을 통과해 긴 심호흡 후 나무그늘 아래의 벤치에 떡하니 자리를 잡고 앉았다.

34 문제

다음 연산의 정답에 나온 분자와 분모를 더한 값이 이 문제의 최종 정답이다!

$$\left(\frac{7}{12}-\frac{2}{5}\right)+\left(\frac{6}{5}-\frac{3}{4}\right)-\frac{4}{30}=$$

그날의 마지막 수업이 끝났음을 알리는 종이 울렸고, 얼마 지나지 않아 수많은 학생들이 건물 밖으로 파도처럼 밀려 나왔다. 룰루는 가방 안에 들어 있던 샌드위치를 먹으며 지나가는 학생들의 물결을 여유롭게 구경했다. 개중 몇몇은 즉시 자전거 주차장으로 향했고, 몇몇은 어디론가 뚜벅뚜벅 걸어갔다.

그날 있었던 일이나 만날 약속들을 하거나 즐겁게 웃고 떠들며 삼삼오오 지나가는 학생들을 구경하며 얼마간의 시간이 흐르자 결국 운동장은 텅 비었다. 그런데 어떤 여자아이 한 명이 룰루가 앉아 있던 벤치 곁에서 자전거와 씨름을 하고 있었다. 아무래도 타이어에 무슨 문제가 있는 듯했다.

"우와, 이게 뭔일이람!"

여자아이는 자전거의 상태가 나아지지 않자 투덜거리며 난감한 표정으로 주변을 둘러보았다.

"뭐야, 바퀴에 바람이 빠진 거니?"

룰루가 여자아이에게 다가가며 말을 걸었다.

"응……, 아무래도 그런 것 같아."

여자아이의 표정에는 짜증이 한가득 묻어 있었다.

"대체 어떤 나쁜 자식이 남의 자전거 바퀴의 바람을 빼버린 걸까?"

"혹시 바퀴에 구멍이 난 건 아니고?"

룰루가 이미 녹이 슬 대로 슨 프레임과 닳을 대로 닳은 자전거 바퀴를 쳐다보며 의미심장하게 지적했다.

“만약 구멍이 난 거라면 이렇게 학교에서만 유독 바람이 빠질 리는 없겠지!”

여자아이가 뭔가 떠올랐는지 어이없다는 듯 웃음을 터뜨리며 말했다.

“게다가 2주 전에는 어떤 녀석이 펌프까지 훔쳐 갔다니까!”

35 문제

비젠그룬트 김나지움의 자전거 주차장은 정사각형 모양이고, 주변에 울타리가 둘러져 있었다. 주차장의 너비는 39와 $\frac{3}{5}$m, 폭은 27과 $\frac{3}{5}$m이다. 또 출입구의 폭이 2와 $\frac{1}{4}$m라면 주차장을 둘러싼 울타리의 길이는 총 얼마여야 할까? 그 답을 미터 단위로 반올림한 것이 바로 이 문제의 정답이다!

"걱정하지 마. 나한테 펌프가 있거든!"

룰루가 신이 나서 말한 뒤 얼른 자신의 자전거를 세워둔 곳으로 가서 펌프를 가져왔다. 룰루의 친절에 그 여자아이는 잠시 망설였지만 이내 펌프를 받아들고서는 신기하다는 눈빛으로 룰루를 쳐다봤다.

"너도 이 학교 학생 맞지? 한 번도 본 적이 없는 것 같아서 말이야."

룰루는 고개를 가로저었다.

"아니, 그냥 어쩌다가 오늘 한 번 들른 거야. 만나고 싶은 사람이 있거든. 빌트 선생님인데……, 예전에 우리 학교 선생님이었는데 지금은 이 학교 교장선생님으로 오셨다고 들었어."

룰루의 말이 끝나기도 전에 그 여자아이는 한숨부터 내쉬었다.

"어휴, 우리 학교 교장선생님? 정말 빡빡한 사람이야!"

"그래? 완전 구식인데다가 '공부, 공부' 노래를 하는 그런 사람이라는 말이지?"

룰루의 말에 여자아이가 크게 웃음을 터뜨렸다.

"뭐, 그렇게 말할 수도 있겠네. 혹시 그 선생님, 다시 너희 학교로 데려갈 생각은 없니? 분명 이 학교엔 필요 없는 사람이야!"

"고맙지만 양보할게!"

룰루가 자전거의 핸들을 고쳐 잡으며 말했다. 앞바퀴에 바람을 넣느라 정신없는 그 여자아이를 어떻게든 도와주려고 핸들을 잡고 있었던 것이다.

"우리 학교 교장선생님은 최고야! 교체 선수 따위는 절대 필요치 않다고!"

그런 소리 말라는 듯 크게 고개를 저으며 거절하던 룰루가 갑자기 목소리를 낮췄다.

"그런데 빌트 선생님은 대체 어떤 사람이야?"

36 문제

분수끼리의 곱셈 정도는 여러분도 이미 알고 있을 것이다. 분모는 분모끼리, 분자는 분자끼리 곱한다는 바로 그 규칙 말이다. 다음 문제들도 그 규칙을 적용해서 푼 다음 각 문제의 정답에 포함된 분모들을 더하여라. 그것이 바로 이 문제의 정답이다!

1 $\frac{5}{7}\times\frac{9}{8}=$

2 $\frac{9}{8}\times 4=$

3 $1\frac{3}{4}\times\frac{3}{11}=$

"딱히 뭐라고 설명해야 좋을지 잘 모르겠어."

여자아이가 잠시 고민에 빠졌다.

"사실 그 선생님을 접할 기회가 별로 없거든. 교장선생님이니 수업을 할 일이 거의 없잖아. 언젠가 어떤 선생님이 휴가를 가시는 바람에 빌트 선생님이 우리 반을 담당한 적이 있긴 해. 알고 보니 원래 수학 선생님이셨더라고. 나이는 뭐, 사십대 후반쯤? 머리는 금발이고, 코가 약간 들창코야. 그 들창코가 우리 교장선생님 외모와 성격을 통틀어 제일 귀여운 부분이지!"

"그래도 어디까지나 네가 다니는 학교 교장선생님인데 왜 그렇게 빌트 선생님을 싫어해?"

룰루가 물었다.

"뭐랄까, 편견이 끝내주는 분이시거든."

"편견이 끝내준다니, 무슨 말인지 잘 모르겠어."

룰루가 고개를 갸웃하며 물었다.

"음, 일단 정말 이상하고 이해하기 어려운 문제들을 내주는 타입이야. 만약 네가 그 문제를 풀잖아? 그러면 예뻐서 못 살아! 얼굴뿐 아니라 이름까지 일일이 기억하면서 예뻐하는데, 정말이지 웃기지도 않는다니까. 대신 나머지 애들한테는 관심도 없어. 아예 대놓고 무시를 하지. 모르긴 해도 아마 그 선생님은 수능시험에 수학 과목 단 하나만 있어도 충분하다고 믿고 계실걸? 그러니까 내 말은, 우리 교장선생님한테는 수학을 잘하는 학생은 훌륭하고 예쁜 학생이고, 수학을 못 하는 학생은 사람도 아니라는 거야. 커다란 등대 옆의 작은 촛불보다 못 한 존재 정도쯤으로 여기고 계실걸! 내 말, 무슨 말인지 이해가 되니?"

"와, 정말, 정말 훌륭한 수학 선생님이시구나!"

룰루가 대놓고 비꼬았다.

"내 말이!"

여자아이도 적극 동의했다.

"얼마 전엔 무슨 이상한 클럽까지 만들었다니까!"

여자아이가 룰루에게 펌프를 돌려주며 얼굴에 들러붙은 머리카락을 쓸어넘겼다.

"클럽이라니, 무슨 클럽?"

룰루의 호기심이 최대 수준으로 발동되었다!

문제 **37**

비젠그룬트 김나지움의 자전거 주차장은 정사각형 모양이고, 울타리가 둘러져 있었다. 자전거 주차장의 면적은 너비가 39와 $\frac{3}{5}$ m, 폭이 27과 $\frac{1}{4}$ m였다. 그렇다면 주차장을 아스팔트로 마감하려면 총 얼마의 비용이 들까?(이때 $1m^2$당 아스팔트 설치 비용은 45유로)

"수학 스터디 모임을 만들었다니까!"

여자아이가 이마를 잔뜩 찌푸리며 말했다.

"수학을 좋아하는 애들, 시간이 날 때마다 수학 문제를 푸는 이상한 애들이 바로 그 모임의 회원들이지!"

"실제로 그런 애들이 있단 말야?"

룰루가 믿을 수 없다는 표정으로 물었다.

“그렇다니까! 정말 이상하지?”

여자아이도 도저히 상상이 안 된다는 듯 킥킥 웃으며 고개를 끄덕였다.

“나랑 친한 친구 중에도 그 모임 회원이 있어. 사실 그 모임은 인기가 아주 좋아. 어찌나 인기가 좋은지, 입회 시험까지 치를 정도라니까!”

여자아이가 이보다 더 이상한 상황은 있을 수 없다는 표정으로 룰루를 바라보았다.

“관심 있으면 너도 한 번 도전해 봐. 시험만 통과하면 누구든 그 클럽의 회원이 될 수 있어. 어느 학교에 다니든 상관없이 말이야!”

“아이고, 정중히 사양할게. 난 수학 과외 수업만으로도 이미 머리가 터질 지경이거든!”

룰루가 고개를 가로저으며 말하자 여자애는 동정심 가득한 눈빛을 보냈다.

“어쨌든 고마워, 펌프 빌려준 것 말이야.”

여자아이가 타이어에 바람을 가득 채운 뒤 자전거 위로 훌쩍 뛰어올랐다.

“이것저것 알려줘서 나도 고마워!”

룰루도 쾌활하게 대답했다.

서로 윙크를 주고받은 뒤, 여자아이는 텅 빈 교정에 룰루를 홀로 남겨둔 채 떠나 버렸다.

룰루는 자신의 자전거가 서 있는 곳으로 천천히 걸음을 옮겼다. 오늘은 이 정도로 충분한 것 같았다.

'흠, 짐, 니나! 너희들한테 새로운 미션을 주겠어!'

자전거 주차장으로 걸어가며 룰루는 방긋 미소지었다.

문제 38

여러분이 해결해야 할 미션도 한 가지 있다. 이미 짐작하고 있듯 그 미션이란 바로 수학 문제를 푸는 것이다.

비젠그룬트 김나지움의 자전거 주차장에는 상당히 많은 자전거가 서 있었다. 그런데 그중 $\frac{2}{5}$는 여학생들의 자전거로 $\frac{2}{4}$는 빨간색이다. 그렇다면 빨간 자전거들 중 주인이 여학생인 자전거는 전체 자전거 중 몇 분의 몇일까? 그 분모와 분자를 더한 값이 이번 문제의 정답이다!

"잠깐, 잠깐, 뭐라고? 설마 네가 원하는 게 정말 그건 아니겠지?!"

짐이 벌어진 입을 미처 다물지도 못한 채 룰루에게 물었다.

룰루가 비젠그룬트 김나지움을 방문한 바로 그날, 세 친구는 앞으로 수사를 어떻게 할 것인지 의논하기 위해 라이프니츠 김나지움 운동장에 집결했다.

"아냐, 분명 재미있을 거야!"

룰루가 황급히 두 친구를 설득하기 시작했다.

"그 모임에 가입하면 정말 재미있을 거라니까. 수학 문제가 십자말풀이보다 훨씬 더 재미있을 수도 있다는 건 너희들도 잘 알지?"

"오오, 네가 그런 말을 다 하다니, 대단한데? 분명 어디서 주워들은 말이겠지?"

짐이 의심스러운 눈초리로 말했다.

"응, 어떻게 알았어? 그건 내가 한 말이 아니라 어떤 수학자가 한 말이야. 난 빌트 선생님의 홈페이지에서 그 말을 보고 따라했을 뿐이야."

룰루가 짐과 니나를 뚫어지듯 바라보며 말했다.

"어제 비젠그룬트 김나지움에 다녀온 뒤 인터넷을 좀 뒤져봤어. 빌트 선생님이 만든 이 수학 스터디 모임은 매주 목요일에 같이 공부를 한대. 실력이 되는 사람이라면 언제든지 회원이 될 수 있다고도 나와 있었어. 그러니까 입회 시험 같은 걸 본다는 건데, 그것만 통과하면 너희들도 회원이 될 수 있어!"

"그냥 빌트 선생님을 찾아가서 궁금한 걸 물어보면 되는데 왜 번거롭게 시험까지 치르며 그 모임 회원이 되어야 하는지 난 정말이지 이해가 안 돼. 그래야 하는 이유가 대체 뭐지?"

짐이 룰루의 제안이 도무지 이해가 안 된다는 표정으로 고개를 절레절레 흔들었다.

"니나, 네 생각은 어때?"

"어, 난, 내 생각엔 전혀 나쁘지 않은 아이디어 같아."

니나가 더듬거리며 대답했다. 내심 수학 스터디 모임의 회원이 되고 싶은 마음이 컸지만 짐이 그토록 반대하는 마당에 혼자 쌍수 들고 좋아할 수는 없는 노릇이었던 것이다. 하지만 수학은 니나가 제일 좋아하는 과목 중 하나였다. 물론 니나는 국어와 음악, 지리와 체육 등등도 좋아했다. 확실히 니나는 싫어하는 과목을 꼽는 편이 좋아하는 과목을 꼽는 것보다는 시간이 덜 걸리는 타입이었다.

"아, 네가 내 마음을 알아줘서 얼마나 다행인지 몰라!"

룰루가 무릎을 탁 치며 내심 수학 모임 회원이 되고 싶은 니나를 도왔다.

"뭐냐, 그 빌트 선생님이 정말로 그렇게 수학 천재들을 편애한다면 너흰 무조건 그 모임에 들어가야 해. 그거야말로 빌트 선생님의 신뢰를 얻고 그 선생님에 대해 최대한 많은 정보를 캐낼 수 있는 지름길이니까 말이야! 저기 있잖아, 사실 나도 할 수만 있다면 그 클럽의 회원이 되고 싶어. 하지만 너희들도 잘 알다시피 내 뇌는 용량이 좀 작고 청순하잖아? 적어도 수학에 관해서는 말이야. 그래서 미안하지만 이번만큼은 너희 둘이서 수고를 좀 해줘야겠어."

"뇌 용량이 문제가 아니라 그냥 거기에 가기 싫은 거겠지!"

니나가 룰루에게 핀잔을 주었다.

"사실 나도 그 입회 시험인지 뭔지가 좀 겁나."

짐도 속마음을 솔직히 털어놓았다.

"대체 어떤 문제가 나올까? 너무 어려우면 어떡하지?"

"그리스인들이 '수학'이라는 말을 사용하기 시작한 이래 '수학'은 '증명'과 동의어래! 물론 이것도 빌트 선생님 홈페이지에서 본 말이야. 아마 그 스터디 그룹의 입단 시험도 증명과 관계된 것 아닐까? 그러니 너희들도 그 방향으로 미리 공부를 좀 해두는 게 좋을 거야."

룰루가 친구들에게 약간의 힌트를 주었다.

"그건 아니지, '너희들'이라고 말하면 안 되지!"

니나가 양손을 허리춤에 갖다 대며 단호하게 선언했다.

"정말 네가 그 클럽에 들어갈 실력이 안 된다 하더라도 적어도 공부는 우리랑 같이 해야 하는 거 아냐?"

"지당한 말씀!"

짐도 니나의 말에 백번 동의하며 룰루의 어깨를 토닥였다.

"적어도 시험준비라도 도와줘야 마땅하지. 우리 모임의 대장은 결국 룰루 너잖아!"

문제 39

빌트 선생님이 결성한 수학 스터디 모임의 입회 시험 문제는 까다롭기로 유명했다. 그중 첫 번째 문제만 살짝 엿봤더니 다음과 같았다.

스터디 그룹 참가자들, 그러니까 수학 천재들한테 선생님이 기다란 끈 하나씩을 나누어 주었다. 5m 길이의 끈이었는데, 파랑, 빨강, 녹색의 세 가지 색으로 된 끈이었다. 그중 파란색은 1과 $\frac{1}{4}$ m였고, 남은 길이의 $\frac{2}{3}$ 는 빨간색이었다. 그렇다면 전체 끈 중 녹색 부분이 차지하는 길이는 얼마였을까? 분수로 된 그 답의 분모와 분자를 더한 것이 이 문제의 최종 정답이다!

그때부터 목요일까지 파헤치기 선수들은 열심히 수학 공부에만 매진했다. 룰루는 심지어 꿈에서도 공식과 숫자, 다양한 곡선들을 마주해야만 했다. 그런데 이상하게도 그 꿈이 악몽이었다는 생각은 전혀 들지 않았다.

'히히, 알고 보면 나도 수학 천재 아닐까?!'

룰루는 어깨까지 으쓱하며 간밤에 꾸었던 꿈을 떠올렸다. 하지만 여전히 수학 스터디 클럽의 회원이 되고 싶은 마음은 눈곱만큼도 들지 않았다. 그러기에는 아직 수학을 향한 룰루의 열정이 한참 부족했다.

드디어 운명의 목요일이 왔다. 그날 내내 짐은 거의 말을 하지 않았고, 니나도 긴장을 감추지 못하고 안절부절못했다.

"아무리 생각해도 이해가 안 돼. 대체 뭐가 그렇게 겁이 나는 거야?"

룰루가 의아해했다.

"너희 둘은 원래 수학이라면 사족을 못 쓰는 애들이잖아? 실력도 좋잖아. 그럼 그깟 모임의 입단 시험 정도라면 눈을 감고도 통과할 수 있을 텐데 왜 그렇게 불안해해?"

"칫, 말은 쉽지!"

니나가 불평을 터뜨렸다.

"문제가 뭔지 알아? 모두들 너처럼 생각한다는 거야. 다들 우리가 실패할 거라곤 생각도 안 해. 우리 스스로도 그렇고 말이야. 그런데 만약에 말이야, 만에 하나 실패하면 어떡해? 그리고 숨을 만한 쥐구멍조차 없다면 우린 어떡해야 좋지? 물론 넌 거기까진 생각도 못 했겠지!"

"내 마음도 똑같아!"

짐이 마른 침을 꿀꺽 삼키며 말했다.

"만약 우리가 불합격한다면 정말 부끄럽고 창피해서 뭘 어떻게 해야 좋을지 모를 것 같아!"

그 말을 들은 룰루는 미안해졌다. 그래서 어떻게 하면 불안해하는 친구들을 안심시킬 수 있을지 한참을 고민했지만 뾰족한 수가 떠오르지 않았고, 결국에는 평범한 위로의 말을 건넬 수밖에 없었다.

"걱정하지 마, 너희 둘은 분명 해내고 말 거야."

실제로 룰루는 니나와 짐이 그 시험에서 떨어질 일은 결코 없다고 철석같이 믿고 있었다. 니나는 모두가 인정하는 우등생이었고, 짐도 다른 과목은 몰라도 수학 하나만큼은 그 누구도 따라올 수 없는 뛰어난 실력자였다.

룰루는 자전거 주차장까지 짐과 니나를 배웅한 뒤 아는 문제는 절대 실수하지 말고 혹시 모르는 문제가 나오더라도 당황하지 말고 침착하게 고민해 보라고 격려했다.

40 문제

룰루는 친구들의 성공을 기원하며 간밤에 자신이 공부한 내용의 일부를 짐과 니나에게 귀띔해 주었다. 분수끼리 나눗셈을 해야 될 때 역수를 서로 곱하면 결국 답이 똑같아진다는 내용의 힌트였다. 룰루가 짐과 니나에게 준 힌트를 참고해서 우리도 다음 문제를 풀어 보자. 그런 다음 각 문제의 정답에 포함된 분모들을 합한 것이 바로 이 문제의 정답이다!

1 $\frac{4}{7} \div \frac{2}{11} =$

2 $\frac{14}{27} \div \frac{35}{63} =$

3 $6\frac{6}{7} \div 9\frac{3}{14} =$

그로부터 며칠 뒤, 세 친구가 스터디 모임 시험장 앞에 집결했다

"걱정하지 마, 너희들 실력을 보면 빌트 선생님도 아마 깜짝 놀랄걸! 너희들은 정말이지 최고잖아!"

룰루가 주먹을 꽉 쥐어 보이며 친구들에게 용기를 심어 주었다. 그런데 이상하게도 니나의 얼굴이 붉게 물들었다.

"어라, 니나, 너, 왜……?"

하지만 니나는 룰루의 말을 듣고 있지 않았다. 룰루는 니나가 대체 뭘 보고 있는지 궁금해져서 니나의 시선을 뒤따라가 보았다. 그랬더니 운동장으로 이어진 계단 위에 서 있는 남학생이 눈에 들어왔다. 열여섯 살쯤 된, 그러니까 니나나 룰루보다 몇 살 더 많은 남학생이었다. 엄지를 바지 주머니에 찔러 넣은 자세로, 자그마한 털모자 사이로 조금 삐져나온 머리칼이 왼쪽 눈을 거의 뒤덮고 있었다. 룰루는 그 남학생의 정체를 그 즉시 알 수 있었다.

"우와, 저건 코르넬리스 오빠잖아!"

룰루가 코르넬리스를 향해 팔을 쭉 뻗으며 소리쳤다. 룰루의 목소리를 들었는지 아닌지는 모르겠지만 어쨌든 코르넬리스는 세 친구가 서 있는 방향을 쳐다보더니 그쪽을 향해 천천히 걸어왔다.

"엥? 왜 이쪽으로 오고 있지?"

짐이 이해가 되지 않는다는 듯한 말투로 혼잣말을 했다.

"여어, 얘들아. 안녕!"

코르넬리스가 인사를 건넸다.

"안녕하세요!"

세 친구가 동시에 합창했다.

"니나, 잠깐 나랑 얘기 좀 할 수 있니?"

코르넬리스가 물었다.

말없이 고개만 끄덕이는 니나의 얼굴이 아까보다 더 붉어졌다.

"있잖아요, 짐이랑 나도 다 알고 있어요, 니나가 오빠한테 모두 다 털어놓았다는 사실 말예요. 그러니 그냥 여기서 편하게 말씀하셔도 돼요."

룰루가 코르넬리스를 안심시켰다.

"니나랑 결국 샤르테 선생님에 관한 얘기를 나누시려는 거 아니에요?"

코르넬리스는 다분히 의심스러운 눈초리로 룰루를 살폈고, 룰루도 똑같은 눈빛으로 코르넬리스를 쳐다보았다. 그러다가 둘 사이의 긴장감을 참지 못한 룰루가 먼저 입을 열었다.

"왜요? 갑자기 말문이 막히기라도 한 거예요?"

41 문제

다음 번분수繁分數[2]를 계산한 뒤 최종 값의 분모와 분자를 더하면 이 문제의 최종 정답이 된다!

$$\frac{1-\frac{1}{4}}{1+\frac{1}{4}}=$$

2) 번분수: 분모 또는 분자가 분수 식으로 되어 있는 분수를 말하며 분모, 분자를 각각 계산한다.

"아니, 그런 건 아니고, 그냥 니나랑 단둘이서 얘길 나눴으면 좋겠어."

코르넬리스가 니나 쪽을 흘깃 쳐다보며 말했다. 니나는 여전히 고개를 숙인 채 땅바닥만 쳐다보고 있었다.

"근데 어쩌죠, 니나가 지금 좀 바쁜데요?"

룰루가 부끄러워서 입도 못 떼고 있는 니나를 대변했다.

"지금 막 중요한 일을 처리해야 하거든요. 그치, 니나?"

니나는 여전히 입을 못 뗀 채 귀만 만지작거렸다.

"뭐, 알았어. 상관없어. 그럼 나 혼자 일을 처리하면 돼."

코르넬리스가 아무렴 어떠냐는 듯한 태도로 자리를 떠나려 했다. 하지만 룰루가 코르넬리스의 어깨를 움켜잡았다.

"아뇨, 그렇게는 안 되죠. 뭔지 얘길 해 주고 가야죠! 대체 무슨 일인데 그래요?"

"휴, 알았어, 알았으니까 이거 좀 놔. 사실 니나가 나한테 했던 말에 대해 다시 한 번 곰곰이 생각해 봤어."

코르넬리스가 천천히 말문을 열었다.

"계속 생각하다 보니 답이 나오더라고."

세 친구는 묵묵히 코르넬리스의 말을 경청했다.

"아무래도 게오르크 아저씨가 날 도둑으로 착각한 것 같아."

코르넬리스가 단호히 내뱉은 말이었다.

'게오르크라는 작자가 누구인지는 모르겠지만, 그렇게 생각하는 사람이 그 사람만은 아닐걸요!'

룰루가 마음속으로 생각한 뒤 입을 열었다.

"그런데 게오르크 아저씨가 누구예요?"

"누구긴 누구야, 샤르테 선생님이지. 샤르테 선생님 이름이 게오르크 샤르테잖아!"

코르넬리스가 짜증스럽게 소리쳤다. 그러고도 분이 풀리지 않는지 쓰고 있던 털모자를 벗어서 손에 쥐고 구기면서 말을 이었다.

"그날 정확히 어떤 일들이 일어났는지 말해줄까?"

세 친구는 대답 대신 코르넬리스에게 바짝 다가가서 귀를 쫑긋 세웠다.

"너희도 잘 알고 있겠지만 게오르크 아저씨와 나는 오래 전부터 잘 아는 사이야. 게오르크 아저씨는 내 대모이신 잉가 아줌마랑 같이 살고 있고. 잉가 아줌마는 말하자면 우리 엄마 대신 날 돌봐주는 사람쯤이라고 보면 돼. 그 당시 나는 잉가 아줌마 집에 자주 들렀어. 우리 엄마는 늘 병원에 입원해 계셨고 아빠는 일을 해야 했으니까. 어쩌다 아빠가 시간이 나더라도 병원에 가서 엄마 곁을 지킬 때가 대부분이었지. 그래서 난 잉가 아줌마네 집에서 시간을 보낼 때가 많았어. 그러다 보니 게오르크 아저씨랑도 자주 마주칠 수밖에 없었지."

코르넬리스가 멍하니 바닥을 쳐다보며 잠시 생각에 잠겼다.

"뭐, 어쨌든, 그게 중요한 건 아냐. 게오르크 아저씨는, 흠, 너희들도 이미 알고 있겠지만, 약간 덜렁대는 면이 있어. 그 당시 난 못되게도 그런 점을 악용했지. 기회만 있으면 게오르크 아저씨가 작업하다 만 시험 문제를 훔쳐서 친구들한테 팔아넘기곤 했어. 덕분에 수입이 꽤나 짭짤했지. 그런데 어느 순간부터 시험 문제를 구할 수가 없는 거야. 그래서 내 주머니는 다시 텅텅 비고 말았어. 문제의 그날, 난 게오르크 아저씨와 함께 등교를 했고, 아저씨한테 제발 용돈 좀 달라고 빌고 통사정을 하고 협박했어. 하지만 어떤 노력도 통하지 않더라고. 참고로 그 당시 난 지금과는 달랐어. 자기밖에 모르는 인간이었고, 그런 만큼 용돈을 주지 않는 게오르크 아저씨가 미워 죽을 지경이었어."

거기까지 말한 코르넬리스가 잠시 눈을 감았다.

42 문제

라이프니츠 김나지움 앞으로 나 있는 길은 길이가 총 84와 $\frac{1}{2}$ m이다. 이 길 양쪽에 가로수를 설치할 계획인데 한 그루당 반지름 3과 $\frac{1}{4}$ m의 땅이 필요하다. 그렇다면 총 몇 그루의 나무를 심을 수 있을까?(도로가 시작되는 부분부터 나무를 심는다는 전제 하에 계산할 것!)

"그날 게오르크 아저씨와 난 좀 늦게 집에서 나왔어. 둘 다 1~2교시에 수업이 없었거든. 난 아저씨만 졸졸 따라다녔어. 잠시도 틈을 주지 않았지. 총무과에 가실 때도 그림자처럼 따라붙었어. 게오르크 아저씨는 디스켓 한 장을 꺼내 한지히 선생님께 건네면서 내일 있을 시험 문제가 들어 있는 디스켓인데 자기 프린터가 고장이 났다며 인쇄 좀 해달라고 부탁하시더라고. 그러고 나서는 늘 그렇듯 칠칠맞게 가방을 총무과에 놔두고 나가셨어. 난 아저씨가 가방을 두고 가는 것을 알아차렸지만 아무 말도 하지 않고 지켜보기만 했어. 아저씨가 나간 다음 한지히 선생님께 내가 그 가방을 교무실에 갖다놓겠다고 말씀드렸지. 한지히 선생님은 그러라고 하셨어. 하지만 방금 프린트한 시험 문제지와 디스켓은 건네주지 않으셨어. 할 수 없이 일단 우리 반 교실로 갔다가 그 다음 수업인 음악 시간을 빼 먹고 아저씨의 열쇠를 이용해 교무실에 잠입했어. 아저씨 가방 안에 열쇠가 들어 있었거든. 들어가 보니 교무실엔 아무도 없었어. 사방을 둘러봐도 쥐새끼 한 마리도 보이지 않았어. 나에겐 모든 게 완벽했다고나 할까! 게다가 난 만일의 사태를 대비해 변명까지 준비해두었어. 만약 갑자기 어떤 선생님이 들어와서 빈 교무실에서 뭘 하고 있냐고 물을 수도 있잖아? 그때는 게오르크 아저씨의 가방을 갖다놓으러 왔다고 말할 참이었어. 그렇게 만반의 준비를 갖춘 상태에서 교무실에 몰래 숨어들었고, 들어가자마자 곧장 게오르크 아저씨의 책상으로 가서 서랍부터 열었어. 그런데 서랍 속엔 아무것도 없었어. 디스켓도 시험 문제지도 없었어. 아마도 한지히 선생님이 너무 바빠 디스켓과 문제지를 아저씨 서랍에 넣어둘 시간이 없었던 모양이야. 내 입장에선 발을 동동 구를 정도로 안타까운 일이었지."

"그래서 결국 빌트 선생님의 돈을 훔친 거예요? 그래야 음악 수업까지 빼 먹으며 교무실에 잠입한 보람이 있다는 생각이 들었을 것 아니에요!"

룰루가 자기 나름의 추리를 해 결론을 내렸다.

43 문제

꽤 복잡한 문제지만 '수학 명탐정'들에게 이 정도쯤은 아무것도 아니리라 기대해 본다!

이번 문제의 정답은 아래 수식의 정답에 나온 분모와 분자를 더한 값이다!

$$\frac{\frac{15}{28} \div \frac{75}{84} - \frac{11}{16} \times \frac{48}{121}}{\frac{21}{55} \div \frac{231}{330} - \frac{15}{36} \div \frac{75}{72}} =$$

“대체 날 어떻게 보는 거야!”

코르넬리스가 발끈했다.

“정말 난 아냐! 사실 난 그 망할 돈이 교무실에 있다는 것조차 니나가 이야기해줘서 알았어!”

“뭐예요, 그럼 샤르테 선생님이 그 사건의 경위에 대해 한 마디도 알려주지 않았단 말이에요?”

룰루가 도저히 믿을 수 없다는 눈초리로 물었다.

“아저씬 자기 가방을 교무실에 갖다 놓은 게 누구였냐고만 물어보셨어. 사실 그때 상황이 조금 이상하긴 했어. 똑같은 질문을 세 번이나 하셨거든. 난 그냥 그 가방을 내가 거기에 갖다 놓은 게 확실하다고만 말씀드렸어. 근데 더 이상 하고 싶은 말이 없냐고 물으시더라? 그래서 혹시 내가 음악 수업을 빼 먹은 걸 알고 있나 싶어 뜨끔했지. 뭐, 어쨌거나 아저씨 가방을 교무실에 갖다 놓은 게 나인 건 사실인데, 시각이 언제였느냐가 관건이었던 거지. 난 3교시 시작 전 쉬는 시간에 갖다놨다고 거짓말을 했어. 근데 정말 짜증이 났어. 내가 무슨 큰 잘못이라도 저지른 것처럼 추궁하시는 게 너무 기분이 나쁘더라고! 수업을 빼 먹은 건 사실이지만, 결국 얻은 건 아무것도 없었단 말이야! 근데 이제 와서 생각해 보니 아저씨가 왜 그렇게 날 닦달했는지 알겠어. 내가 바로 돈을 훔쳐간 범인이라 생각한 거야! 뭐, 그럴 수밖에 없었겠지. 내겐 열쇠가 있었고, 실제로 그 열쇠를 사용하기까지 했으니까 말이야!"

코르넬리스가 갑자기 말을 멈추고 크게 한숨을 쉬었다.

"어휴, 정말이지 어쩌다가 일이 이렇게까지 꼬여 버렸지!"

"그런데 샤르테 선생님은 왜 그 얘길 다른 선생님들한테 안 한 거예요? 교장선생님이 샤르테 선생님을 호출하셔서 돈이 사라진 바로 그 시간에 샤르테 선생님의 열쇠를 누군가가 사용했다고도 알려줬어요. 즉, 형이 그 열쇠를 사용했다는 걸 알고 계셨다는 거죠. 그런데 왜 아무 말도 없이 죄를 고스란히 뒤집어썼을까요?"

짐이 도저히 이해가 안 된다는 표정으로 질문했다.

"나도 잘 모르겠어."

코르넬리스가 마른침을 삼켰다.

"그때 우리 엄마가 사실 몸이 많이 안 좋으셨어……, 그런데도 난 사고만 치고 다녔지……. 선생님은 아마 날 걱정해서 그러셨을 거야. 그 당시 난 정말이지 사고뭉치였거든. 삐딱하게 나가기로 작정한 아이처럼 말이야. 만약 그 일로 내가 정학이나 퇴학이라도 당한다면, 혹은 그 일로 청소년 법정에라도 서게 된다면……, 아, 모르겠어……, 만약 그랬다면 나도 내가 어떤 길로 빠졌을지 모르겠어. 게다가 우리 엄만 또 어떤 심정이었을까? 가뜩이나 몸이 편찮으신데 나까지 그렇게……. 내 생각엔 아마도 샤르테 선생님이 우리 엄마와 날 보호하려 했던 것 같아. 만약 내가 진범이었다면,

아니, 선생님이 만약 내가 진범이라고 믿었다면 사실 그렇게 보호해 줄 가치도 없었는데 말이지."

문제 44

축구 연습이 끝나고 나면 니나는 늘 실내 수영장에 가서 잠깐 수영을 한 뒤 샤워를 하곤 했다. 풀pool의 깊이는 그다지 깊지 않았다. 니나가 똑바로 서면 몸 전체의 $\frac{5}{8}$만이 물에 잠기는 정도였다. 나머지 $\frac{3}{8}$ 중 $\frac{1}{3}$은 수영장 가장자리 밖으로 우뚝 솟았고, 물 표면에서 수영장 가장자리까지의 높이는 40cm였다면 니나의 키는 얼마일까?

“그럼 지금 어머니 상태는 어떠세요? 좀 나아지셨어요?”

니나의 질문에 코르넬리스가 미소를 지었다.

“걱정해줘서 고마워. 응, 다행히 많이 좋아지셨어.”

코르넬리스의 대답에 니나도 미소로 답했다.

“그런데 오빠가 정말 범인이 아니라면 대체 누가 돈을 훔쳐갔죠?”

룰루가 손바닥으로 이마를 짚으며 고민에 빠졌다.

“나도 거기에 대해 한 번 생각해 봤어!”

코르넬리스의 두 눈이 다시 반짝거렸다.

“사실 의심 가는 사람이 한 명 있어!”

“진짜요?”

룰루가 의심의 눈초리를 보냈다.

“그럼!”

자기를 믿어 주지 않는 룰루가 못마땅해 코르넬리스가 저도 모르게 소리를 질렀다. 하지만 이내 흥분을 가라앉히기 위해 손을 아래위로 흔들더니 아까보다 훨씬 더 침착한 톤으로 말을 이었다.

“믿기 어렵겠지만 그 당시 게오르크 아저씨는 수십 통의 연애편지를 받았어.”

“뭐라고요?!”

이번에는 룰루가 소리를 질렀다.

"샤르테 선생님이 뭘 받았다고요? 연애편지라고요?"

"정말 재미있는 건 지금부터야! 그 편지를 보낸 사람은 여학생이었는데, 편지에다 구구절절한 내용의 시詩를 쓰고 말린 장미꽃잎으로 장식까지 했다니까! 게오르크 아저씨는 어떻게 반응해야 좋을지 몰라 쩔쩔 매고만 있었지."

"진짜예요?"

짐이 킬킬거렸다.

룰루와 나나도 새어나오는 웃음을 억누를 수 없었다. 괴짜 같고 따분한 샤르테 선생님을 사모하는 여학생이 있었다는 사실이 도저히 상상이 가지 않았던 것이다.

"게다가 편지의 주인공이 정확히 누군지도 몰랐어. 늘 분홍색 봉투를 사용했는데, 발신인이나 우체국 도장 없이 그냥 우편함에 들어 있었어. 사실 나도 그 상황이 정말 웃기고 재미있더라고……. 그래서 언젠가 한 번 아저씨 몰래 편지를 읽어봤어. 시험 문제지를 훔치러 아저씨 방에 들어갔다가 우연히 편지를 발견한 거야."

"그러니까 뭐예요, 결국 오빠 말은 그 선생님을 흠모하는 어떤 여학생이 짝사랑에 지쳐 복수를 했다는 거예요?"

룰루가 아무 죄도 없는 코르넬리스에게 따지듯이 물었다.

45 문제

십진수 두 개를 곱할 때에는 우선 소수점을 무시한 채 셈한 뒤 원래 숫자들에 포함된 소수점 이하의 숫자 개수를 확인한다. 그리고 거기에 맞춰 소수점을 찍어주면 된다. 즉 첫 번째 숫자에 소수점 이하의 숫자가 1개, 두 번째 숫자에 소수점 이하의 숫자가 2개였다면 두 숫자를 곱한 뒤 뒤에서 세 번째 숫자 앞에 소수점을 찍으면 되는 것이다. 그 원리를 잘 기억하면서 다음 공식들을 계산하고, 다음으로 세 문제의 정답을 더한 뒤, 마지막으로 소수점 이하를 반올림한 값이 이 문제의 정답이다.

1 $7.6 \times 1.3 =$

2 $8.56 \times 2.6 =$

3 $34.65 \times 0.71 =$

"잠깐, 아직 내 얘기 덜 끝났어! 어느 날엔 협박 편지도 도착했어! 내용은 상당히 짧았어. 몇 줄밖에 없더라고. 정확히 기억은 안 나지만 대충 이런 내용이었어.

'난 선생님과 내 여자친구가 어떤 관계인지 잘 알고 있어요. 제발 부탁인데 제 여자친구한테 관심 좀 끄세요. 만약 이 부탁을 들어주지 않으면 곤란한 상황에 빠지실 겁니다!'

그 편지의 주인공은 자기 여자친구 이름이 뭔지도 밝혔는데, 기억이 잘 안 나네. 분명 M으로 시작하는 이름이었어. 마리나, 마리엘라, 멜리타……, 아, 뭐였지! 그리고 편지 맨 끝에는 'R'이라고 서명이 되어 있었어."

그 말을 끝으로 코르넬리스가 기나긴 설명을 끝냈다.

"그러니까 M으로 시작되는 어떤 이름의 여자친구를 둔 R이라는 남자애가 샤르테 선생님을 덫에 빠뜨린 거란 말이죠? 여자친구를 사이에 두고 라이벌 관계인 선생님께 도둑 누명을 씌워 학교를 떠날 수밖에 없게 만들었다는 거잖아요, 그죠?"

"맞아!"

코르넬리스가 의기양양한 미소를 지으며 세 친구를 쳐다보았다.

"그런데 그게 마지막 편지였어. 그 이후에는 더 이상 어떤 편지도 오지 않았어. 연애편지도, 협박편지도 없었어. 그로부터 얼마 뒤 게오르크 아저씬 학교를 떠났지. 그 당시 난 선생님이 개인적

사정 때문에 자발적으로 학교를 그만둔 거라고만 믿고 있었어."

"와, 그럼 우리가 결국 새로운 단서를 찾아낸 거네요.!"

룰루가 코르넬리스의 수사 실력에 감탄하듯 고개를 끄덕이며 말했다.

"이제 우리가 해야 할 일은 우선 그 편지를 입수해서 여학생의 이름부터 알아내는 거예요. 만약 그 여학생이 우리 학교에 다닌 적이 있다면, 혹은 지금도 다니고 있다면 분명 그 남자애가 누구인지도 추적할 수 있을 거예요. 어때요, 제 아이디어가 꽤 괜찮은 것 같지 않아요?"

"나쁘지 않은걸!"

코르넬리스도 신이 나서 소리쳤다.

"아저씨네 집에 몰래 숨어들 수 있는 방법은 내가 잘 알고 있어. 자, 어서 출발하자고!"

46 문제

코르넬리스가 만약 오토바이를 몬다면 당연히 기름을 채워야 할 테고, 기름은 1리터당 1.25유로이다. 그렇다면 35.8리터를 채우려면 기름값으로 얼마를 지불해야 할까?

코르넬리스는 말을 마치기도 전에 얼른 자전거를 향해 달려갔다.

"너희 생각은 어때?"

룰루가 짐과 니나에게 물었다.

"생각할 게 뭐가 있어, 형만 따라가면 되는 거지!"

짐이 앞으로 다가올 모험에 벌써 몸이 근질거리는 듯 박수까지 쳤다.

"잠깐 기다려 봐!"

룰루가 짐을 멈춰 세웠다.

"혹시 뭐 까먹은 거 없어? 빌트 선생님 수업 말이야!"

"이 상황에서 우리가 거길 왜 가야 하는데?"

짐이 짜증을 냈다.

룰루는 잠시 무언가를 생각하더니 강력한 어조로 말했다.

"당연히 가야지! 적어도 우리 중 한 명은 반드시 거기에 가야 해! 샤르테 선생님께 누명을 씌운 진범을 찾는다 하더라도 증거가 필요하잖아. 범죄 수사에 있어 가장 중요한 게 바로 증거라고! 혹시 그 사실을 잊어버린 건 아니겠지? 그러니 짐, 넌 반드시 그 수학 스터디 모임에 가서 빌트 선생님께 깊은 인상을 심어줘야만 해. 선생님의 신뢰를 얻어내란 말이야! 빌트 선생님은 이 사건의 희생자이고, 그런 만큼 빌트 선생님의 진술이 반드시 필요해!"

짐은 못마땅해 죽겠다는 표정이었지만 결국에는 룰루의 설득에 넘어가고 말았다. 니나는 코르넬리스 형과 처음 접촉한 사람이니 반드시 샤르테 선생님 집에 같이 잠입해야만 할 것 같았고, 룰루도 탐정 클럽의 대장인 만큼 반드시 그 자리에 있어야만 할 것 같았다. 그렇게 저렇게 빼고 나면 남는 사람은 결국 자기밖에 없었다. 짐은 퉁명스러운 표정으로 자전거에 오른 뒤 인사도 건네지 않고 휙 출발해 버렸다.

"너무 걱정 안 해도 될 거야. 원래 수학이라면 사족을 못 쓰는 애잖아."

룰루가 자기 자신과 니나를 안심시키기 위해 말했다. 하지만 스스로도 자기 말이 그다지 설득력이 있다고 생각하지는 않았다.

어쨌든 룰루와 니나도 자전거를 타고 코르넬리스와 함께 샤르테 선생님의 집으로 향했다.

47 문제

코르넬리스는 니나와 함께 영화를 보러 갈 예정이다. 코르넬리스의 주머니에는 무려 51.75유로가 들어 있고, 영화관 입장권은 한 장에 5.75유로이다. 그렇다면 코르넬리스는 니나와 함께 몇 편의 영화를 볼 수 있을까?

"다행이야, 집에 아무도 없는 것 같아. 선생님 차가 안 보이잖아."

코르넬리스가 이웃집 울타리 옆에 자전거를 세우며 말했다. 룰루와 니나도 코르넬리스를 따라 같은 위치에 자전거를 세웠다.

"자, 잘 들어. 너희 중 한 명은 망을 봐야 해. 그래야 나머지 두 사람이 안심하고 집안을 수색할 수 있을 테니 말이야."

자전거에 자물쇠를 채운 코르넬리스가 다시 몸을 일으키며 샤르테 선생님의 집 안을 들여다봤다.

"내가 오빠랑 함께 들어가도 될까?"

니나가 낮은 목소리로 룰루에게 물었다.

그 말에 룰루는 깜짝 놀랐다.

'언제부터 니나가 이렇게 용감한 아이였지? 잘 알지도 못하는 사람 집에 몰래 숨어 들어가겠다고?!'

하지만 서로에게서 잠시도 눈을 떼지 못하는 코르넬리스와 니나를 보며 룰루는 상황을 금세 이해했다.

"알았어. 닭살 커플끼리 잘해 보셔!"

룰루의 비아냥거림에 니나가 룰루의 발을 꾹 밟았고, 룰루는 저도 모르게 비명을 질렀다.

"그런데 만약 샤르테 선생님이 나타나면 난 뭘 어떻게 해야 해?"

룰루가 갑자기 심각한 표정을 지으며 니나와 코르넬리스에게 물었다.

“글쎄, 어떻게 하면 좋을까…….”

코르넬리스가 잠시 생각에 잠겼다.

“일단 집안으로 못 들어오게 막는 게 급선무겠지? 만약 아저씨가 나타나면 얼른 달려가서 말을 걸어. 그런 다음 자전거 종을 울리는 거야. 아저씨 서재는 도로 쪽으로 나 있으니 금방 그 소리를 들을 수 있을 거야.”

“흠, 일단 말을 건 뒤 자전거 종을 울리라고요……, 샤르테 선생님 아니라 그 누가 와도 절대 수상하게 생각하지 않을 완벽한 계획인 것 같은데요!”

룰루가 코르넬리스의 계획을 한껏 비꼬았다.

“뭐, 어쨌든 알았어요. 그렇게 할게요. 하지만 샤르테 선생님이 나타나기 전에 얼른 수색을 끝내는 게 제일 좋겠죠?”

48 문제

룰루는 자전거 핸들을 꽉 쥔 채 주위를 살피고 있었다. 그런데 모두들 잘 알고 있듯 자전거는 그다지 빠른 교통수단은 아니다. 예컨대 기차를 타면 같은 거리를 자전거보다 훨씬 빨리 이동할 수 있다. 만약 초속 51.27m로 달리는 기차가 있다면 12,817.5m를 달리는 데에는 몇 초가 소요될까?

코르넬리스는 룰루의 말이 끝나기도 전에 인도를 건너 잠시 도움닫기를 하더니 정원 울타리를 훌쩍 뛰어넘었다. 그런 다음에는 니나도 울타리를 넘어올 수 있게 도와주었다.

코르넬리스와 니나는 좌우를 살핀 뒤 오른쪽 코너를 돌더니 모습을 감췄다. 그사이 코르넬리스는 니나에게 샤르테 선생님이 지하창고 창문을 잠그지 않고 그냥 닫기만 해둔다는 사실을 알려 주었다. 원래 정신이 좀 없는 분이시라 열쇠를 어디다 뒀는지 깜박할 때가 많았고, 그럴 때마다 지하창고 창문을 통해 집 안으로 들어오신다고도 말해 주었다. 니나 생각에는 경솔하기 짝이 없는 행동이었지만 적어도 지금 이 순간만큼은 샤르테 선생님의 무책임한 버릇이 고마울 따름이었다.

룰루는 긴장의 끈을 바싹 쥔 채 거리를 샅샅이 살폈다. 선생님 집 앞 도로는 일방통행길이었다. 다시 말해 샤르테 선생님의 차는 왼쪽에서 나타날 수밖에 없다는 뜻이었고, 룰루가 뚫어져라 감시해야 하는 방향도 바로 그 방향이었던 것이다.

그때 한 남자가 모퉁이를 돌아 룰루가 서 있는 방향으로 걸어왔다. 언뜻 봐도 샤르테 선생님의 외모와는 거리가 멀었다. 정말 다행이었다. 그 남자는 걸음이 꽤 느린 편이었는데 룰루에게 가까이 다가올수록 표정이 점점 더 일그러졌다.

'뭐, 그래, 당연히 의심이 가겠지. 나 같은 애가 이 시간에 이렇

게 홀로 서 있을 이유가 전혀 없으니까 말이야.'

그 남자의 의심을 잠재우기 위해 룰루는 최대한 순진한 표정, 최대한 얌전한 표정을 지어 보였다.

남자가 지나가고 난 뒤 룰루는 이웃집 울타리 곁에 세워뒀던 자전거를 샤르테 선생님네 집 정원 모퉁이까지 끌고 왔다. 그런 다음 쪼그리고 앉아 타이어를 살펴보는 척했다. 타이어에 바람을 넣는 펌프도 일부러 자전거 곁에 빼 두었다. 그러면 왠지 아무도 의심하지 않을 것 같았다.

하지만 그러는 동안에도 룰루는 눈에 쥐가 날 정도로 열심히 곁눈질로 도로를 감시했다. 그때 갑자기 등 뒤에서 발자국 소리가 들려왔다. 하이힐을 신은 사람에게서 나는 소리였다. 발자국의 주인공은 룰루 곁을 스쳐 지날 때쯤 속도를 조금 늦추더니 다시 힘차게 걸었다.

룰루는 안도의 한숨을 내쉬며 그 여성의 뒷모습을 바라보았다. 그런데 앗! 여자가 샤르테 선생님 집 앞 정원에 멈춰 서더니 정원 문을 열었다! 어찌나 놀랐는지, 룰루는 하마터면 비명을 지를 뻔했다.

'앗, 그렇다면 저분이 바로 샤르테 선생님과 같이 사는 잉가 아줌마라는 말이잖아! 우리가 왜 그걸 생각 못 했지? 어휴, 정말이지 잉가 아줌마가 나타날 거라고는 생각조차 하지 못 했어! 이런

초보적인 실수를 저지르다니, 이건 도저히 있을 수 없는 일이야!'

잉가 아줌마는 룰루가 미처 충격에서 벗어나기도 전에 이미 현관문을 열고 있었다. 룰루는 용수철이 튀듯 일어나 자전거 종을 두 번 울렸다. 그 소리에 깜작 놀란 잉가 아줌마가 룰루 쪽을 잠시 쳐다보았다.

문제 49

혼자 밖에서 친구들을 기다리고 있자니 심심하기 짝이 없었다. 1분도 영원처럼 길게만 느껴졌다. 그런데 잠깐! 한 개의 분수도 영원처럼 길어질 수 있다는 것을 여러분은 알고 있는지! 즉 분수를 소수로 전환했을 때 소수점 이하의 숫자들이 끝없이 이어지는 것이다. 그런 소수들을 '무한소수'라 부르는데, 무한소수 중에서도 소수점 이하의 숫자들이 계속 반복되는 경우에는 특별히 '순환소수'라 부른다.

자, 그렇다면 다음 분수를 십진법 방식의 숫자로 변환할 경우, 소수점 이하에서 어떤 숫자들이 무한히 반복될까? 그 숫자들을 합한 값이 바로 이 문제의 정답이다.

$$\frac{5}{7}=$$

"저기요, 잠깐만요!"

룰루가 정원 문을 향해 냅다 달리며 큰 소리로 외쳤다. 그러자 눈이 휘둥그레진 잉가 아줌마가 다시금 정원문 쪽으로 뚜벅뚜벅 걸어왔다.

"여기가 샤르테 선생님 집 맞죠?"

룰루가 최대한 '착한 학생 미소'를 지으며 물었다.

"맞아요. 나는 샤르테 씨와 함께 살고 있는 사람이에요. 이름은 '잉가 엥겔'이죠. 무슨 일로 찾아오셨나요?"

"말씀 낮추셔도 돼요."

룰루가 상냥하게 말을 건네면서 잉가 아줌마 뒤편, 그러니까 집 안을 슬쩍 들여다봤다. 잉가 아줌마가 집에 들어가려고 살짝 열었던 현관문이 바람에 휙 열렸다. 문 뒤로 기다란 복도가 눈에 들어왔다. 하지만 어두컴컴해서 아무것도 보이지 않았다.

'잠깐, 방금 지나간 건 혹시 코르넬리스 오빠?'

"참, 저기 있잖아요, 제 자전거 바퀴에 바람이 빠졌어요. 아, 샤르테 선생님은 제 수학 과외선생님이에요. 공교롭게도 이런 일이 하필이면 바로 선생님 집 앞에서 벌어졌지 뭐예요? 그래서 어쩌면 도움을 받을 수 있을까 생각해서 아까 벨을 한 번 눌렀는데 집에 아무도 안 계신 것 같더라고요. 혹시 선생님한테 바람 넣는 펌프가 있는지 한 번 살펴봐 주시겠어요? 그렇게 해주신다면 저한텐 정말 큰 도움이 될 것 같아요."

룰루가 양손을 꼭 잡으며 간절히 애원했다. 그러면서도 눈으로는 계속 잉가 아줌마 뒤편으로 이어진 복도를 훑고 있었다. 그때 코르넬리스의 모습이 보였다! 그 뒤에 니나도 서 있었다. 룰루는 심장이 멎는 줄 알았다. 코르넬리스도 당황해서 고개를 이리저리 돌리며 주변을 살펴보고 있었다.

'지금 잉가 아줌마 등 뒤에 니나랑 함께 숨겠다는 거야, 뭐야? 저러다가 잉가 아줌마가 몸을 홱 돌리기라도 하면 어쩌려고 저러지!'

"알았어, 내가 한 번 찾아볼게."

우려한 대로 잉가 아줌마가 집 안으로 들어가기 위해 몸을 틀려는 찰나, 룰루가 잉가 아줌마의 손을 덥석 잡았다. 그와 동시에 코르넬리스와 니나를 향해 세차게 고갯짓을 하며 최대한 빨리 몸을 숨기라는 신호를 보냈다.

"정말 고마워요. 무슨 말로 이 고마움을 다 표현해야 좋을지 모르겠어요! 자전거를 여기다 세워두고 집까지 걸어갈 수도 없거든요. 집이 여기서 꽤 멀어요. 부모님도 걱정이 이만저만이 아니실 테고요!"

자기가 생각해도 지나치다 싶은 인사치레를 하면서 룰루는 코르넬리스와 니나가 깜깜한 복도 안쪽으로 사라지는 것을 확인했다.

“이 정도 갖고 뭘 그러니…….”

잉가 아줌마가 룰루한테 잡혀 있던 손을 빼며 미소를 지었다.

“우선 이 손 좀 놓아줘. 그래야 집 안에 들어가서 살펴볼 수 있을 거 아니니.”

“백번 지당하신 말씀입니다! 제가 너무 무례했죠? 죄송해요.”

룰루는 황급히 사과했다. 자기가 생각해도 아무래도 정신이 반쯤 나간 애처럼 보일 것 같아 한편으로는 창피해 죽을 지경이었다.

“저기, 밖에서 잠깐 기다리라고 하면 너무 불편할까?”

잉가 아줌마가 룰루를 쳐다보며 물었다.

“아뇨, 그럴 리가요! 당연히 밖에서 기다려야죠. 전 괜찮으니 천천히 찾아보세요!”

괜찮다는 말 한 마디면 충분한 것을 룰루는 당황한 나머지 이번에도 역시나 지나치게 많은 말을 내뱉고 말았다.

이번에는 물리와 수학이 결합된 문제이다. 빛은 1초당 300,000km를 이동한다. 그런데 달 탐사에 나선 아폴로 호가 지구로 귀환하기 전 달 표면에 특수한 거울 하나를 두고 왔다고 한다. 지구 표면에서 빛을 쏘면 그 빛은 2,563초 뒤에 다시 지구 표면으로 되돌아온다고 한다. 그렇다면 지구에서 달까지의 거리는 대략 얼마일까?

'코르넬리스 오빠, 그리고 니나야, 이제 더 이상은 나도 어떻게 할 수가 없어.'

집 안으로 들어가는 잉가 아줌마의 뒷모습을 바라보며 룰루는 애간장을 태웠다.

어찌나 긴장했던지 호흡이 다 가빠질 정도였다. 하지만 룰루는 다시금 정신을 가다듬고 집 안을 뚫어져라 쳐다봤다. 마음 같아서는 투시라도 하고 싶었다.

잉가 아줌마가 사라진 뒤 잠시 정적이 흐르는가 싶더니 어디선가 갑자기 찢어질 듯한 비명 소리가 들렸다. 분명 니나의 목소리였다. 다행히 집 안이 아니라 밖에서 들려온 것 같았다. 하지만 불행히도 그 비명소리는 분명 잉가 아줌마의 귀에도 들렸을 것이다. 그 즉시 룰루는 자전거를 현관문까지 끌고 와 바닥에 눕혔다. 바로 그때 잉가 아줌마가 밖으로 나왔다. 잉가 아줌마의 표정에는 걱정과 놀라움이 동시에 묻어 있었다.

"대체 무슨 일이니? 방금 그 비명소리 말이야, 네가 지른 거니?"

"네, 기다리는 동안 자전거를 미리 여기로 끌어다 놓으면 좋겠다 싶었어요."

룰루가 일부러 헉헉거리며 대답했다.

"근데 자전거가 그만 제 발 위로 쓰러졌지 뭐예요. 죄송해요, 저 때문에 많이 놀라셨죠? 다행히 다치진 않았어요."

잉가 아줌마는 고개를 가로젓더니 정원을 한 번 쓱 둘러보았다. 아무래도 지금 이 상황이 뭔가 찜찜한 듯했다.

"집 안엔 아무것도 없어."

잉가 아줌마가 의심을 억누르고 다시 입을 열었다.

"잠깐만 기다려봐, 내가 지하실에 한 번 가볼게. 어쩌면 거기에 뭔가가 있을지도 몰라."

"아, 지하실 말이군요!"

룰루가 코르넬리스와 니나가 들을 수 있도록 '지하실'이라는 말을 특히 더 크게 발음했다.

"그러네요, 그런 공구들은 원래 지하실에 보관하잖아요! 굿 아이디어에요. '지-하-실'이라고 하셨죠?"

아줌마는 아무 대답도 없이 다시금 현관문을 닫고 집 안으로 모습을 감추었다.

'어휴, 아줌마는 분명 내가 지금 당장이라도 도끼를 들고 집 안으로 달려들까 걱정하고 있을 거야!'

룰루는 얼굴을 감싸 쥐었다.

'뭐, 그 정도까진 아니라 해도 분명 내가 제 정신이 아니라고는 생각하고 있을 거야!'

그때 두 '도둑들'이 건물 벽 모퉁이를 돌아 룰루 앞에 모습을 드러냈다. 룰루는 조바심을 내며 코르넬리스와 니나를 향해 눈짓했다. 어서 사라지라는 뜻이었다. 그러자 코르넬리스는 기다렸다는 듯 작은 앞뜰을 가로질렀고, 니나는 토끼처럼 깡충깡충 뛰며 그 뒤를 따랐다.

"아야, 내 발, 내 발!"

갑자기 니나가 소리쳤다.

"쉿, 어서 가!"

룰루가 낮은 목소리로 속삭였다. 코르넬리스와 니나는 룰루 곁을 스쳐 좁은 정원 문을 지나 금세 이웃집 정원 울타리 뒤편으로 모습을 감추었다. 그제야 룰루는 안도의 한숨을 내쉬었다.

"아, 정말 감사해요!"

작은 상자 하나를 들고 나타난 잉가 아줌마에게 룰루가 역시나 과장된 인사를 건넸다. 잉가 아줌마는 여전히 의심스러운 눈초리로 룰루의 자전거를 한 번 쳐다보았다.

"저기요, 그런데 이제부턴 저 혼자서도 충분히 해낼 수 있어요."

뭘 어떻게 하면 좋을지 몰라 망설이는 아줌마를 보며 룰루가 급히 덧붙였다.

"어디에 펑크가 났는지 벌써 확인도 했어요. 이제 때우기만 하면 끝이에요. 공구 상자는 다음 수업 때 샤르테 선생님께 전해 드려도 되겠죠?"

아줌마는 한결 가벼워진 표정으로 고개를 끄덕이더니 다시 집 안으로 들어갔다.

룰루는 현관문이 닫히자마자 얼른 자전거를 일으켜 세운 뒤 코르넬리스와 니나가 기다리고 있는 곳까지 끌고 갔다.

"어휴, 정말이지 죽는 줄 알았어!"

룰루가 속삭였다. 코르넬리스와 니나도 얼마나 긴장했는지 얼굴이 새파랗게 질려 있었다.

"우린 일단 거실로 몸을 피했다가 거실 창문을 통해 정원으로 빠져나왔어. 그런데 창밖으로 뛰어내리다가 니나가 발목을 삐었어."

코르넬리스가 룰루에게 도주 과정을 간략하게 보고했고, 니나는 코르넬리스의 말이 틀림없다는 사실을 확인시켜 주듯 끙끙 앓는 소리를 냈다.

"어쨌든 이렇게 무사히 빠져나와서 정말 다행이에요. 그런데 성과는 있었어요?"

룰루가 니나의 발목 상태를 확인하기 위해 몸을 웅크리며 코르넬리스에게 물었다.

"성과가 있었냐고? 두 말 하면 잔소리지!"

코르넬리스가 빼기듯 말했다.

"편지들은 아직도 서랍장 안에 보관되어 있었어. 협박 편지 역시 거기에 있었고. 그런데 그사이에 게오르크 아저씨도 조사를 좀 하신 것 같아. 협박 편지를 보낸 주인공에 대해서 말이야. 편지 뒷면에 보니까 또록또록한 글씨체로 발신인의 이름과 주소가 적혀 있더라고. 자, 봐, 이거야. 이게 바로 오늘 우리가 거둔 쾌거야!"

"어디 한 번 볼까요?"

룰루가 약간은 명령조로 말했다. 하지만 코르넬리스는 룰루의 말투에는 전혀 관심이 없는 듯했다. 오로지 오늘의 전리품을 자랑하고 싶은 마음밖에 없는 듯 얼른 편지를 내밀었다.

"흠, '로버트 벨러'라……."

룰루가 천천히 편지 뒷면에 적힌 글씨들을 읽어 내려갔다.

"알베르트 아인슈타인 가 12번지에 살고 있네요."

말을 마친 룰루가 의미심장한 미소를 지으며 코르넬리스와 니나를 쳐다보았다.

"자, 이제 어떡할까요? 출동 한 번 해볼까요?"

"당연하지!"

코르넬리스가 소리쳤다. 창백하던 얼굴에 어느새 화색이 돌고 있었다. 니나는 내키지 않는 듯 억지미소를 지었지만, 결국에는 고개를 끄덕였다.

51 문제

자, 지금까지 무려 50개나 되는 문제를 풀었다! 스스로 쓰담쓰담 해주자. 하지만 아직도 풀어야 할 문제들이 꽤 많다. 이번에는 또 어떤 문제가 우릴 기다리고 있을까?

이번 문제는 코르넬리스와 니나가 샤르테 선생님의 서랍 안에서 발견한 편지 박스에 관한 것이다. 그 박스는 길이가 12cm, 너비는 40mm, 높이는 0.9dm였다. 그렇다면 그 박스가 수용할 수 있는 부피는 얼마일까?

알베르트 아인슈타인 가는 산자락 아래쪽에 위치해 있어 열심히 페달을 밟아 목적지에 도착했을 때쯤 룰루와 니나 그리고 코르넬리스는 이미 지칠 대로 지쳐버렸다. 시간도 꽤 많이 지나, 그사이 어느덧 해가 뉘엿뉘엿 지고 있었다. 쌀쌀한 바람이 나뭇가지들을 스산하게 뒤흔들고 있었고, 으슬으슬한 기운을 느낀 룰루는 재킷 옷깃을 꽉 여미었다.

"드디어 도착했네."

룰루가 도로에서 좀 떨어진 거리에 위치한 외딴 건물 하나를 가리키며 말했다. 잿빛 건물이었는데, 건물 앞에는 페인트로 주차장 표시들이 그어져 있었다. 하지만 주차장에는 차가 한 대도 없었다. 담장 뒤에 옆구리가 푹 구겨지고 녹이 많이 슨 시트로엥[3] 한 대가 외롭게 서 있을 뿐이었다.

3) Citroén. 프랑스의 자동차 회사명.

"이 집 주인 취미가 자동차를 고치는 건가?"

니나가 말했다.

"그건 아닌 것 같은데?"

코르넬리스가 건물 입구에 세워진 표지판을 가리켰다.

"뭐야, '벨러 자동차 정비소, 프랑스 자동차 전문'이라고?"

룰루가 표지판에 적힌 내용을 모두가 들을 수 있게 소리 내어 읽었다.

"와, 프랑스 자동차는 정말 튼튼한가 봐. 어째 수리 받으러 온 차가 이렇게 한 대도 없지?"

말을 마친 룰루가 황량한 정비소 마당을 다시금 둘러봤다.

"맞아, 수리를 받으러 온 차도 없고 수리하는 사람도 없는 것 같아."

코르넬리스가 건물 벽에 설치되어 있는 초인종을 눌렀다.

안에서는 아무런 반응이 없었다. 룰루는 과감하게 주차장을 가로지른 뒤 차고로 이어진 문 하나를 세차게 흔들었다.

"짜잔, 열렸어!"

룰루가 승리에 찬 미소를 지었다.

코르넬리스와 니나는 약간 주저하면서 룰루의 뒤를 따랐다.

"그런데 룰루, 질문이 하나 있어."

니나가 창고 문 앞에 멈춰 서서 말했다.

"대체 이 안에 들어가서 뭘 하려는 거니? 허락도 없이 함부로 남의 차고에 좀도둑처럼 숨어들 순 없잖아? 게다가 뭘 어떻게 해야 하는지도 모르잖아!"

"뭐라고? 좀도둑이라고?"

화가 난 룰루가 고개를 절레절레 흔들었다.

"아까 너도 봤잖아, 문이 열려 있었다고! 다들 왜 그렇게 걱정이 늘어졌어? 난 그저 안에 뭐가 있나 한 번 둘러보고 싶을 뿐이야. 아니다, 들어가서 로버튼지 뭔지를 기다리는 건 어때?"

코르넬리스와 니나가 대답도 하기 전에 룰루는 이미 정비소 안으로 들어간 뒤 주변을 둘러보기 시작했다. 문 왼쪽으로는 깊은 고랑이 하나 나 있고, 오른쪽 벽에는 기름 범벅인 탁자 하나가 놓여 있었다. 벽에는 각종 공구들과 푸른색 작업복들이 가지런히 걸려 있었다. 룰루는 탁자를 유심히 살펴보았다. 탁자에 딸린 서랍까지 열어서 살펴보았지만 딱히 이렇다 할 물건을 발견하지 못해 머리를 긁적였다.

"대체 여기서 뭘 찾고 있는 건지 혹시 우리한테도 알려 주시면 안 될까?"

그사이 룰루와 니나를 따라 정비소 안으로 들어온 코르넬리스가 룰루를 한껏 비꼬았다.

"혹시 로버트 벨러의 비밀 일기라도 찾고 있는 건 아니겠지?

'오늘 나는 샤르테 선생님에게 누명을 씌웠다, 나는 정말 나쁜 놈이다'라는 내용이 적힌 일기 말이야!"

52 문제

이번에는 조금 더 어려운 문제를 풀어 보자. 코르넬리스의 집에는 수족관이 하나 있다. 수족관의 길이는 75cm, 너비는 70cm, 높이는 40cm이다. 거기에 141.75리터의 물을 채운다면 수족관 안의 물의 높이는 얼마일까?(이때 단위는 cm)

"오빤 그걸 지금 농담이라고 하는 거예요? 하나도 안 웃겨욧!"

룰루가 발끈해서 따지듯이 말했다.

"지금 우리한테 제일 중요한 게 뭐예요, 로버트의 신상에 관해 최대한 많은 정보를 캐내는 거 아니에요? 증거 없이 어떻게 자백을 받아내겠어요? 앞에 불러다 놓기만 하면 돈을 훔친 다음 그 죄를 샤르테 선생님한테 뒤집어씌웠다고 순순히 자백할 것 같으세요? 설마 그 정도로 순진한 건 아니겠죠!"

잔뜩 뿔이 난 룰루가 숨도 쉬지 않고 다다다다 쏘아붙였다.

"룰루, 제발 진정해."

니나가 코르넬리스 옆으로 다가서며 말했다.

"어쩌면 우리가 너무 서두르고 있는 걸지도 몰라. 앞으로 어떻게 하면 좋을지 차근차근 생각해 보는 건 어떨까? 내 생각엔 지금 가장 중요한 일은 샤르테 선생님을 만나는 일 같아. 아직도 샤르테 선생님은 코르넬리스 오빠가 진범이라고만 믿고 있잖아. 하지만 우린 그렇지 않다는 사실을 입증할 증거를 충분히 수집했어. 그 말씀을 드리면 분명 샤르테 선생님도 관심을 보이실 거야. 우리가 이 사건을 해결할 수 있도록 도와주실 게 분명하다고! 그럴 수밖에 없잖아, 억울하게 누명을 썼으니 말이야. 그리고 내 생각엔 샤르테 선생님도 로버트 벨러를 이미 만난 것 같아. 분명 로버트에 대해 우리보다 많은 걸 알고 계실 거야. 그러니까 내 말은 우리가 직접 나서는 건 이쯤으로 충분한 것 같다는 뜻이야! 이제 이 사건은 우리가 감당할 수 없는 수준에 다다른 거 같지 않아……?"

니나가 그사이 퉁퉁 부어오른 자신의 발목을 쳐다보며 말했다.

"뭐, 길게 얘기할 거 없어. 무슨 뜻인지 충분히 이해했어. 더 이상 이 모험을 하고 싶지 않다는 뜻으로 알아들을게."

룰루가 니나의 말을 자기 멋대로 해석해 버렸다.

"그냥 겁나서 못하겠다고 말하는 건 어때? 그런데 우린 무엇 때문에 그동안 온 도시를 다 헤집고 다녔던 거지? 그 모든 노력이 물거품이 되든 말든 이제 여기서 관두면 그걸로 끝이라고? 뭐, 좋을 대로 해! 가고 싶으면 가라고!"

룰루가 팔을 활짝 펼치며 길을 안내했다.

"오빠랑 니나를 잡을 사람은 아무도 없어요. 나도 상관 안 할 거예요. 범생이 친구랑 '돌아온 탕자'한테 뭘 기대한 내가 바보죠!"

"그만해, 그 정도면 됐어!"

코르넬리스가 룰루 쪽으로 바싹 다가서며 위협했다. 눈빛도 꽤나 험악했다.

"지금 이렇게 우리끼리 싸울 이유는 하나도 없어."

룰루도 동의할 수밖에 없는 이야기라 풀이 죽어 입을 다물었다.

"오빠, 그러지 말고 그만 가요."

니나가 코르넬리스의 옷깃을 잡으며 말했다.

"신경 쓰지 말고 그냥 가자고요."

말을 마친 니나가 원망이 가득한 눈빛으로 룰루 쪽을 바라보더니 발목을 절뚝거리며 정비소 밖으로 나갔다. 코르넬리스는 그런 니나의 뒤를 말없이 뒤따랐다.

두 사람이 퇴장하고 나자 정비소 안에는 룰루만 남았다. 룰루는 등받이가 없는 작은 회전식 의자에 앉아 탁자 위에 몸을 웅크렸고, 팔짱을 낀 양팔 위로 머리를 숙였다. 그러자 무릎 사이로 지저분한 바닥이 보였고, 그 상태에서 룰루는 발바닥으로 괜스레 바닥만 두드렸다. 자기가 너무 심한 말을 했다는 후회가 물밀듯 밀려왔다.

문제 53

로버트 벨러의 정비소 뒤편에는 물 탱크 하나가 놓여 있었다. 불이 났을 때 즉시 사용할 수 있도록 물을 담아 놓은 탱크였다. 탱크는 길이 11m, 너비 5m, 깊이 1.7m였다. 1분에 27.5ℓ를 빼낼 수 있는 펌프를 사용할 경우, 물을 모두 빼내기까지 총 걸리는 시간은 얼마일까?

'내가 대체 무슨 짓을 한 거지? 왜 그런 말을 한 거지? 질투심에서? 질투라니, 뭘, 누굴 질투했다는 거지? 니나를? 코르넬리스 오빠가 니나를 좋아하니까? 아니면 코르넬리스 오빠한테 화가 났던 걸까? 니나가 코르넬리스 오빠만 좋아해서? 에고, 모르겠다. 그런 고민을 하기엔 여기는 적당하지 않은 장소인데 내가 뭘 생각하는지, 참!'

룰루가 마음을 다잡았다.

'지금은 로버트 벨러한테 집중해야 할 때야. 그걸 뻔히 아는 마당에 지금 내가 왜 이런담! 어휴, 다른 탐정들은 대체 수사를 어떻게 진행하는 거지? 그 사람들도 분명 정보를 캐내기 위해 뭔가를 할 거잖아! 칫. 차라리 경찰이 되고 말까? 그럼 모든 게 편하잖아! 그럼 모두들 고분고분 내가 묻는 질문에 답해 줄 테니 말이야!'

거기까지 생각이 닿자 갑자기 저도 모르게 미소가 흘러나왔다.

'흠, 경찰도 꽤 괜찮은 직업인 것 같아.'

룰루는 갑자기 추위를 느껴 후드를 뒤집어쓴 뒤 다시금 생각에 잠겼다.

'만약 그 로버트 벨러라는 작자가 정말로 협박 편지를 썼다면 어떤 식으로든 위험한 인물임에 틀림없어.'

생각의 꼬리가 이어졌다.

'혹시 내가 모르는, 더 무서운 뭔가를 숨기고 있는 사람은 아닐까?'

그때 갑자기 발자국 소리가 들렸지만 룰루는 당연히 코르넬리스와 니나가 되돌아왔다고만 생각했다.

"뭐야, 왜 마음이 바뀐……."

의자를 빙글빙글 돌리며 말하던 룰루의 코앞에 갑자기 주먹이 다가왔고, 그 다음 순간 룰루는 코피를 흘리고 있었다. 미처 아픔을 느끼지도 못할 정도로 순식간에 일어난 일이었다. 그와 동시에 룰루는 뒤로 벌러덩 나자빠졌다. 하지만 뒤로 넘어지는 순간 양발을 힘차게 뻗어 정체 모를 공격자의 사타구니에 정확히 꽂았다.

공격자가 불시의 역습을 당하고 끙끙 앓는 사이, 룰루는 다시 몸을 일으켜 피가 흐르는 코를 움켜쥐었다. 미지의 공격자는 아직도 숨을 헐떡거리며 몸을 가누지 못하고 있었다.

문제 54

로버트는 정비소 안에 누군가가 있다는 사실을 그림자 때문에 알아차렸다. 룰루의 키는 160cm였고, 저무는 태양으로 늘어난 룰루의 그림자의 길이는 240cm쯤이었다. 그렇다면 같은 빛, 같은 상황, 같은 장소에 있는 52m 높이의 타워는 그림자의 길이가 얼마가 될까?

"뭐예요, 미쳤어요?!"

룰루가 무언의 공격자에게 고함을 쳤다. 그사이 룰루는 손등으로 코피를 훔치고 있었고, 어둠 속의 공격자는 바닥에서 겨우 몸을 일으키며 알아들을 수 없는 저주의 말들을 내뱉고 있었다.

"대체 여기서 뭘 하고 있는 거야?!"

공격자가 잔뜩 화가 난 채 소리쳤다. 끙끙 신음소리를 내며 겨우 일어난 공격자가 방 안의 불을 켰다. 하지만 불이 꺼져 있을 때와 큰 차이는 나지 않았다.

"대체 뭘 훔치려고 숨어든 거야?"

공격자가 룰루를 똑바로 쳐다보며 날카로운 눈빛으로 묻다가 룰루의 모습을 확인하고 나자 깜짝 놀라 휘둥그래졌다.

"뭐야, 어린애잖아! 언제부터 자동차 정비소에 어린 여자애들이 숨어들었지?"

"문이 열려 있었어요."

룰루는 자기가 도둑고양이처럼 몰래 숨어든 게 아니라는 사실을 미지의 공격자에게 알려주고 싶었다.

"그게 어쨌는데?"

미지의 공격자는 비틀거리며 몸을 일으켰다.

"혹시라도 입구에 '문이 열려 있으니 아무나 막 들어오시오'라고 적혀 있든?"

"쳇, 그럼 제 얼굴엔 '아무나 제 코에 한 방 먹여 주세요'라고 적혀 있나요? 그래서 그렇게 때린 건가요?!"

룰루 역시 한 마디도 지지 않고 대꾸했다.

"일부러 때린 건 절대 아니야. 이 안에 처음 들어오면 사실 아무것도 잘 안 보여. 어두컴컴한 방에 아무 생각 없이 들어왔다가 너한테 걸려 넘어질 뻔했다니까! 근데 네가 몸을 내 쪽으로 트는 것 같더라고. 난 네가 총이라도 쏘는 줄 알았어. 뭐라도 해야 한다는 생각이 들어서 널 공격한 거야. 그러니까 네 코를 때린 건 어디까지나 정당방위였다고, 무슨 말인지 알아듣겠니? 어휴, 뭐, 어쨌거나 상관없어. 이 상황에선 그냥 경찰을 부르는 게 최선인 것 같아."

미지의 공격자가 휴대폰을 꺼내 들며 말했다.

"어디 누가 잘못 했는지 경찰 앞에서 길고 짧은 걸 대 보자고!"

"흥, 어디 한 번 그렇게 해보시죠! 경찰 아저씨들이 이 편지에 상당히 관심이 많을걸요!"

룰루가 벌떡 일어서며 말했다. 재킷 주머니에 쑤셔 넣었던 협박편지를 꺼내며 영화에서 보았던 냉혈한처럼 보이도록 야비한 미소도 열심히 지어 보였다.

편지를 꺼낸 뒤에도 룰루는 최대한 시간을 끌며 천천히 편지를 펼쳤다. 하지만 두 팔이 덜덜 떨리는 것만큼은 어쩔 수 없었다.

"에헴, 그러니까 오빠가 로버트 벨러 맞죠?"

55 문제

룰루는 그 미지의 공격자를 최대한 무섭게 위협하고 싶었지만 마음과는 달리 양팔이 사시나무처럼 떨렸다. 이럴 때는 마음을 안정시키는'특별 음료'를 직접 제조해서 마시고 싶은 마음이 굴뚝 같은 룰루였다.

그 음료를 마신다고 다른 사람의 마음도 진정될지 장담할 수는 없지만 룰루에게만은 효과적인 비장의 음료 레시피는 다음과 같다.

2.5리터의 우유와 1.5리터의 라즈베리 주스를 섞는다. 우유는 0.5리터에 66센트, 라즈베리 주스는 한 병당 3.50유로이며 라즈베리 주스 한 병은 0.75리터다. 그렇다면 룰루가 특별히 제조한 '라즈베리 밀크셰이크' 한 컵(0.2리터)을 만들기 위해서는 얼마의 비용이 필요할까?

미지의 공격자는 룰루의 갑작스러운 공격에 선언에 숨까지 헐떡거리더니 룰루가 들고 있던 반쪽짜리 편지를 확 낚아챘다.

"이건 대체 어디서 난 거야?"

공격자가 편지 내용을 훑으며 룰루에게 물었다. 밖에선 땅거미가 지고 있었고 실내는 더더욱 어두웠지만 그 와중에도 룰루는 공격자의 얼굴이 붉게 물든 것을 똑똑히 볼 수 있었다. 모르긴 해도 공격자는 갑자기 룰루가 내민 편지에 정신이 번쩍 들었을 것이다.

"뭐야, 결국 이 말도 안 되는 편지 땜에 날 찾아온 거야? 이게 언제적 얘긴데 이제 와서 다시 꺼내는 거야!"

로버트가 양팔을 힘없이 늘어뜨리며 말했다.

"잠깐만요!"

룰루가 황급히 편지를 꾸깃꾸깃 구기고 있던 공격자를 제지했다.

"샤르테 선생님한테 도둑 누명을 씌운 건 맞죠? 그 때문에 샤르테 선생님은 학교를 그만두어야 했다고요! 이유가 뭐냐고요? 뭐긴 뭐예요, 당신 여자친구 때문이죠. 샤르테 선생님을 몰래 사모하던 그 여자친구 말이에요! 샤르테 선생님은 그 때문에 결국 멀쩡히 잘 다니던 직장까지 그만둬야 했죠! 당신이 샤르테 선생님의 인생 전체를 망쳐 버린 거라고요! 근데 뭐라고요, 언제적 얘긴지도 모르겠다고요? 어디, 샤르테 선생님이랑 경찰도 2년 전 일에 대해선 관심이 없는지 한 번 확인해 볼까요?"

룰루가 마른침을 꿀꺽 삼켰다. 따따부따 퍼붓다 보니 목이 막히는 듯했다.

"솔직히 난 네가 무슨 말을 하고 있는지도 잘 모르겠어."

로버트가 고개를 흔들더니 긴 한숨을 내쉬었다.

"샤르테 선생님이랑 얘기를 나눈 적은 있어. 하지만 맹세코 누명 따위를 뒤집어씌운 적은 없어!"

"노노, 그런 말은 돌아가신 할머니 무덤 앞에서나 하는 게 어때욧!"

룰루도 지지 않고 대들었다. 너무 화가 나서 콧물이 나올 정도였고, 결국 점퍼 주머니 깊숙이 들어 있는 휴지를 찾느라 온 점퍼를 툭툭 치며 야단법석을 떨었다.

"아냐, 정말이야, 절대로 거짓말 아냐."

로버트가 휴대 전화를 다시 주머니에 찔러 넣으며 말했다.

"근데 대체 나한테서 뭘 알아내겠다는 거니?"

룰루는 어깨를 으쓱한 뒤 대답했다.

"그야 물론 진실이죠."

단호한 말투였다.

"잘 들어."

로버트가 약간 위협적으로 말했다.

"네가 나한테 어떤 죄를 뒤집어씌울 속셈인진 모르겠지만 난 그

때 이후 샤르테 선생님을 한 번도 만난 적이 없어. 그러니까 그 당시 난 마리엘라한테 푹 빠져 있었어. 둘 다 12학년이었는데, 나 혼자 마리엘라를 쫓아다닌 거였어. 마리엘라는 나한테 관심도 없었는데… 내가 미쳤지! 뭐. 어쨌든 그러던 중 우연히 마리엘라가 그 늙다리한테 보내는 연애편지를 보게 되었고, 질투심에 정신이 나갔어. 협박 편지도 그때 쓴 거야. 그런데 알고 보니 샤르테 선생님은 내 협박 편지를 받기 전까지는 자기한테 연애편지를 보내는 애가 누군지도 몰랐더라고. 근데 말이야, 내가 마리엘라를 짝사랑한다는 사실은 우리 학교 학생이면 누구나 다 알고 있었거든? 즉 샤르테 선생님은 지나가는 애들 몇 명을 붙잡고 물어보는 것만으로도 그 편지의 주인공이 마리엘라라는 것을 쉽게 알아내신 거지."

"어떻게 그런 아마추어 같은 실수를 저지를 수 있죠?"

룰루가 로버트의 아픈 곳을 찌르자 로버트는 자신의 실수를 깨끗이 인정했다.

"네 말이 맞아. 정말 초보적인 실수였지. 어쨌든 우린 그 후 샤르테 선생님과 만나서 얘길 나눴어. 선생님께선 마리엘라에게 더 이상 편지를 보내지 말라고, 더 이상 문제를 일으키지 말라고 부탁하셨지. 참, 어차피 이제 곧 라이프니츠 김나지움을 떠날 거라고도 말씀하셨어."

"혹시 이유도 말씀해 주셨나요?"

56 문제

로버트의 정비소는 12개의 전등을 4시간 동안 켜 놓았을 때 전기 요금이 대략 1.20유로가 나온다. 그렇다면 그중 4개는 꺼 두고 8개만 5시간을 켜 두었을 때 전기 요금은 얼마가 나올까?

"선생님은 정말이지 괴로워하셨어. 뭐 하나 즐거운 일이 없다며 신세한탄을 늘어놓으셨지. 듣는 우리가 다 안타깝더라니까! 더 이상 김나지움에서 애들을 가르치고 싶지 않다고도 하셨어. 어린 학생들을 어떻게 대해야 할지 잘 모르겠다고, 특히 마리엘라 같은 아이들을 어떻게 올바른 길로 이끌 수 있을지 방법을 전혀 모르겠다며 힘들어 하셨어."

로버트가 잠시 말을 멈추고 침을 한 번 꿀꺽 삼켰다.

"난 선생님 심정이 백퍼센트 이해되었어. 그래서 어느 작은 학교에 교장선생님 자리가 나서 거기에 지원해 두었다는 말을 들었을 때 차라리 안심이 되었지. 만약 그 학교에서 스카우트를 하지 않으면 다시 대학으로 돌아가겠다고 하셨어. 사고뭉치 사춘기 애들을 상대하는 게 지긋지긋하셨나 봐. 늘 사고만 치는 우리 같은 애들 말이야."

로버트는 또다시 말을 멈추고 손에 쥐고 있던 반쪽짜리 편지를 꼬깃꼬깃 접었다.

"선생님은 또 사랑은 강요한다고 이뤄지는 게 결코 아니라고 말씀하셨어. 아마도 마리엘라를 염두에 두고 하신 말이었겠지? 그 말에 마리엘라는 부끄러워서 어쩔 줄 몰라 했어. 쳇, 그러게 누가 그 따위 연애편지를 쓰래! 뭐, 어쨌든 샤르테 선생님이 비젠그룬트 김나지움에 교장선생님으로 가서 더 편하게 생활하고 계실 거라 생각하니 다행스러워."

"방금 '비젠그룬트'라고 했어요?"

그 말을 듣는 순간 룰루는 심장이 오그라드는 느낌이었다.

"응, 맞아. 비젠그룬트 김나지움이라고 말했어. 왜 그래, 무슨 문제라도 있어?"

로버트가 눈썹을 치켜 올리며 물었다.

"지금 비젠그룬트 김나지움의 교장선생님은 샤르테 선생님이 아니라 빌트 선생님이에요!"

룰루가 대답했다. 로버트에게 한 말이라기보다는 독백에 가까운 말이었다.

"진짜야? 빌트 선생님이 그 학교 교장선생님이 되었다고? 와, 이건 말도 안 돼! 빌트 선생님도 우리 학교 선생님이었잖아? 내가 들었던 물리 고급반 담당 선생님이 바로 그 선생님이셨어. 완전 깐깐한 분이셨지. 그 선생님과 함께 프라하로 수학여행을 가기도 했어!"

"흠, 아무래도 전 이만 가 봐야겠어요."

룰루가 입구를 향해 뚜벅뚜벅 걸어가다 다시 뒤돌아섰다.

"참, 혹시 저한테 물어보고 싶은 건 없나요? 아, 그리고 설마 지금도 경찰을 부를 생각인 건 아니죠? 저는 궁금증이 다 풀렸으니 이제 그만 가 볼게요."

"이 편지의 나머지 반쪽을 넘기기 전에는 어디도 못 가!"

로버트가 팔짱을 낀 채 입구 앞을 막아섰다.

"뭐, 좋아요. 자, 여기 있어요."

룰루가 내키지 않는 표정으로 편지 반쪽을 마저 건넸다.

"그런데 샤르테 선생님 일은 대체 뭐가 어떻게 돌아가고 있는 거야? 도둑질이라니 그건 또 무슨 말이지?"

로버트가 룰루의 등에 대고 소리쳤다. 이제야 아까 룰루가 했던 말들이 떠오르는 모양이었다.

하지만 룰루는 어깨만 한 번 으쓱할 뿐, 자세한 대답은 생략한 채 자전거를 타고 사라져 버렸다.

문제 57

22명의 일꾼들이 30일 동안 일을 한 뒤 총 16,500유로의 임금을 지불받았다. 그렇다면 같은 조건에서 20명의 일꾼이 35일 동안 일했을 때 받게 될 임금의 총합은 얼마일까?

"룰루! 코는 어쩌다가 그렇게 된 거야?"

다음 날 등굣길에 룰루의 얼굴을 보고 깜짝 놀란 짐이 물었다.

"후후, 영광의 상처라고나 할까!"

룰루가 씩 웃으며 말했다.

"지금도 콧잔등이 시큰거리기는 하지만 그럴 만한 가치는 충분히 있었어."

룰루는 짐에게 전날의 모험에 대해 상세히 보고했다. 짐은 놀라서 입을 다물지 못했지만, 한 마디도 놓치지 않으려는 듯 귀를 쫑긋 세우고 있었다. 가끔씩 감탄사가 입 밖으로 새어 나오기도 했다.

룰루는 로버트와 나눴던 대화의 마지막 부분에 대해서는 일단 함구하기로 결정했다. 짐의 얘기부터 듣고 싶어서였다.

"사실 나도 어제 정말 바빴어."

룰루의 말이 끝나자 짐이 자기가 알아낸 것들을 이야기해 주었다.

"어제 내가 수학 스터디 모임에 간 건 기억나지? 내 생각인데, 그 모임, 정말 멋진 것 같아! 아니, 내 말은, 그러니까…… 원래 '수학'이라는 말만 들어도 모두들 지겹다는 생각부터 하잖아? 그런데 전혀 그렇지 않더라고! 게다가 입회 시험도 그다지 어렵지 않았어. 내 생각엔 점수가 꽤 잘 나올 것 같아."

짐이 뿌듯한 미소를 지어 보였다.

"시험 시간도 그다지 길지 않았어. 시험이 끝난 뒤엔 그 모임에 대해 자세히 알아볼 시간이 있었어. 근데 많은 사람들이 수학 스터디 모임이라는 말만 들어도 손사래부터 치잖아? 사실 난 그 이유를 잘 모르겠어. 알고 보면 수학만큼 재미있는 과목도 없거든!"

"수학이 재미있다고?"

룰루가 도저히 믿을 수 없다는 표정으로 물었다.

"어이쿠, 너한테 이런 말을 하는 내가 잘못이지!"

짐이 고개를 가로저으며 룰루를 쳐다보았다.

"너한테 수학이 재미있다는 사실을 이해시키려는 내가 죄인 이지, 죄인!"

"뭐, 그 선생님 이름이 뭐였지? 그 선생님은……."

짐이 자신을 놀리거나 말거나 룰루는 자기가 하고 싶은 말만 했다.

"아, 맞아, 빌트 선생님 말이야. 빌트 선생님에 대한 얘기나 좀 해봐. 그러고 나면 특종 중의 특종을 알려줄게."

58 문제

2주 전 룰루는 축구화 하나를 정가에서 15% 할인된 가격에 구입했다. 룰루가 지불한 돈이 42.50유로였다면 정가는 과연 얼마였을까?

"사실 빌트 선생님에 대해선 말해 줄 게 별로 없어. 그냥 다른 선생님들과 똑같은 선생님이야. 나이는 사십대 후반인 것 같고, 코가 약간 펑퍼짐해. 첫인상은 좀 괴짜 같고 왠지 모르게 가까이 다가가기 어렵다는 느낌이 들었어. 하지만 조금만 더 친해지면 정말 잘해 줄 것 같은 그런 사람 있지? 내 생각엔 빌트 선생님이 그런 분이신 것 같아. 게다가 빌트 선생님은 그 수학 스터디 모임에서 아무런 보수도 받지 않는대. 돈 때문이 아니라 정말로 수학이 좋아서 학생들에게 무료로 가르쳐 주시는 거야, 정말 대단하지 않아? 그 모임 학생들에게도 자상하게 대해 주시는 것 같았어."

"음, 알았어."

룰루가 결연하게 입을 열었다.

"그러니까 너도 그 모임에 앞으로 자주 가게 되겠네?"

"응? 아니, 그렇지 않을 수도 있어."

짐이 반박했다.

"내가 알아낸 또 다른 사실들이 있거든!"

"그래? 그게 뭔데?"

"아마 들어도 믿기지 않을걸! 아니, 그 모임에서 내가 아는 누군가를 만났지 뭐야!"

짐이 룰루를 비스듬한 각도에서 쳐다보며 말했다.

"루이자 빌트라는 누난데……, 빌트 선생님 딸이야."

"루이자 언니가 빌트 선생님 딸이라고!"

룰루가 깜짝 놀라 물었다.

"우리 학교에 다니고 있고, 우리보다 한 학년 위잖아? 와, 그 언니가 빌트 선생님 딸일 거라고는 꿈에도 생각 못 했어!"

"이것 보세요, 소녀 탐정님, 그러니까 아직도 우리는 갈 길이 멀다는 거예요. 하지만 우리한테는 시간도 많고 이 정도까지 알아냈으니 우린 진짜 멋지지 않아?!"

짐이 씩 웃으며 말했다.

"어쨌든 수업이 끝난 뒤 내가 그 누나한테 말을 걸었거든? 무작정 다가가선 무턱대고 돈 봉투 도난 사건 얘길 꺼냈어. 그 말에 정말 깜짝 놀란 것 같았어. 사실 그 사건에 대해선 다 알고 있었대. 하지만 누나네 아빠가, 그러니까 빌트 선생님이 학교에선 절대로 그 얘길 입밖에 내지 말라고 하셨대."

"당연히 그렇게 말씀하셨겠지."

룰루가 중얼거렸다.

"이제 그날의 상황에 대해 모든 게 밝혀졌어! 모든 것이 말이야!"

짐이 박수까지 치며 흥분해서 말했다.

"그러니까 그날 상황은 이랬어. 빌트 선생님이 물리 고급반 학생들을 데리고 프라하로 수학여행을 가기로 계획한 건 너도 알고 있지? 그런데 여행을 예약하려면 여행사에 상당히 많은 돈을 선불로 내야 했어. 그래서 그 반 학생들한테 그날 아침 1~2교시에 걸쳐 돈을 거둔 거야. 그런 다음 2교시를 마친 뒤 쉬는 시간에 그 돈을 교무실로 가져갔어. 다음날 은행에 입금할 생각으로 말이야."

짐의 말을 듣고 있던 룰루의 눈썹이 조금씩 치켜 올라갔다.

주사위 모서리의 길이를 절반으로 줄일 경우 주사위의 부피는 원래 부피에 비해 얼마나 줄어들까?

"뭐, 어쨌든 간에, 교무실엔 귀중품 보관함이 있었는데, 사용하는 사람은 거의 없었대. 그래서 평소엔 자물쇠도 없이 방치되어 있었다고 해. 하지만 빌트 선생님은 그 많은 돈을 다음날까지 아무 데나 보관해선 안 되겠다는 생각에 그 자리에 있던 다른 선생님들에게 혹시 귀중품 보관함 열쇠를 갖고 있는지 물었대. 열쇠를 하루만 좀 빌려 쓰자고 말이야. 그때 선생님들 중 한 명이 자기한테 그 열쇠가 있다고 대답했어. 그게 누군지는 말 안 해도 알겠지?"

짐이 분위기를 극적으로 고조시키기 위해 잠시 말을 끊었다. 하지만 침묵이 오래 가지는 않았다.

“맞아, 바로 샤르테 선생님이었어! 자, 그러니까 샤르테 선생님은 그날 총무과에 들른 뒤 다시 한 번 교무실로 올라온 거야. 샤르테 선생님은 빌트 선생님한테 자신의 보관함 열쇠가 아래층 화학 실험실에 있다며 갖다 주겠다고 했대. 샤르테 선생님이 수학 말고 화학도 가르친다는 건 당연히 알고 있겠지? 어쨌든 샤르테 선생님은 번호식 자물쇠를 갖고 다시 교무실로 오셔서 빌트 선생님께 건네면서 비밀번호를 그 자리에 앉아 있던 모두가 들을 수 있을 정도로 큰 소리로 알려 주셨어. 하지만 샤르테 선생님도 빌트 선생님도 그다지 개의치 않았어. 동료들이니까 의심할 필요가 전혀 없다고 생각한 거지. 빌트 선생님이 돈을 귀중품 보관함에 넣어 두어야겠다고 생각한 것도 결국은 동료들이 훔쳐갈까 염려해서가 아니라 만에 하나 청소하는 사람들이나 외부인들이 교무실에 들어왔다가 그 돈을 가져가 버리면 어떡하나 걱정되어서였으니 말이야. 그런데 빌트 선생님은 수업을 마친 뒤 원래 계획과는 달리 그 돈을 그날 바로 은행에 입금해야겠다고 결심하셨대. 그래서 귀중품 보관함을 열었는데, 어이쿠, 돈이 사라진 거야! 누가 억지로 보관함 문을 딴 흔적은 없었대. 자물쇠도 원래 그대로였대. 그래서 빌트 선생님은 동료들 중 한 명이 훔쳐간 게 틀림없다고 의심한 거지. 그때 그 자리에 있던 동료들은 자신이 그 보관함 안에 돈을 넣어 두었다는 것도 알고 있었고 게다가 자물쇠 비밀번호까지 알고 있었으니 당연히 의심할 수밖에 없었어. 그래서 동료들의 동의하에 교무실을 수색하기 시작했어. 그런데 샤르테 선생님의 가방 안에 비닐 봉투가 하나 들어 있었는데, 수학여행비 봉투가 바로 그 봉투 아래쪽에 고이 놓여 있었던 거야! 문제의 돈 봉투를 찾은 빌트 선생님은 동료들에게 이렇게 말했대. 자기가 샤르테 선생님한테 돈을 내일 은행에 입금한다고 말했으니 샤르테 선생님은 아마 그 돈을 나중에 다른 곳으로 치워도 된다고, 시간은 충분하다고 믿었을 거라고 말이야."

문제 60

니나의 부모님은 조립식 목조 주택 한 채를 21만 유로에 구입했다. 그런데 그 가격은 아직 부가가치세 19%가 포함되지 않은 가격이었다. 하지만 부가가치세를 포함한 주택 구입비를 현금으로 지불할 경우, 건축 회사는 총금액에서 3%를 할인해 주기로 했다. 그렇다면 현금으로 구입하기로 한 니나의 부모님은 건축 회사에 최종적으로 얼마를 송금해야 할까?

사건에 관한 얘기를 나누다 보니 어느새 학교에 도착해, 짐과 룰루는 건물에 들어서기 전 잠시 멈춰 섰다.

"자, 다 듣고 나니 어떤 생각이 들어?"

룰루가 침묵을 고수하자 조급해진 짐이 물었다.

"네 생각은 어때?"

룰루가 대답 대신 되물었다.

"솔직히 말하자면, 지금까지 우리가 알아낸 모든 사실들이 샤르테 선생님을 범인으로 지목하고 있어. 안타깝지만 그게 사실이야."

"내 생각을 알려 줄까?"

룰루가 부어오른 콧잔등을 살살 문지르며 말했다.

"내 생각엔 빌트 선생님이 샤르테 선생님 가방에 일부러 그 돈 봉투를 집어넣은 것 같아. 근거 없는 의심이 아냐. 그 이유가 뭔지도 알 것 같거든!"

"뭐? 무슨 말도 안 되는 소리야?"

짐이 얼떨떨한 표정으로 룰루를 바라보았다.

"샤르테 선생님과 빌트 선생님은 말하자면 경쟁 관계에 놓여 있었어. 두 분 다 비젠그룬트 김나지움의 교장선생님 자리에 지원을 해둔 상태였지. 나도 어제야 그 사실을 알게 되었어. 뭐, 어쨌든, 내 이론 어때? 빌트 선생님이 샤르테 선생님에게 도둑 누명을 뒤집어씌웠다는 이론 말이야. 빌트 선생님은 아마도 그런 불미스러운 일이 발생하고 나면 샤르테 선생님이 교장 후보에서 자동으로 탈락할 거라 생각하셨겠지!"

짐의 눈이 휘둥그레졌다.

"샤르테 선생님과 빌트 선생님이 한 자리를 두고 경쟁 관계에 놓여 있었다고? 우와, 그건 진짜 굉장한 동기인걸! 그게 만약 사실이라면, 정말이지 굉장한 범행 동기가 될 수 있겠어!"

"역시 그렇지? 너도 이미 말했듯 범인은 분명 선생님들 중 한 명일 거야, 그치? 그런데 넌 중요한 사실을 하나 무시했어. 3교시 때 샤르테 선생님이 자신의 가방을 갖고 있지 않았다는 사실 말이야! 그때 선생님의 가방은 코르넬리스가 갖고 있었어. 코르넬리스가 샤르테 선생님의 열쇠를 이용해 교무실에 들어갔다는 건 잊지 않았겠지? 하지만 코르넬리스는 귀중품 보관함에 대해서도 돈 봉투에 대해서도 전혀 모르고 있었어!"

"와, 듣고 보니 진짜 그럴싸한데!"

짐이 흥분해서 소리쳤다.

그때 동급생 하나가 짐을 확 밀치며 건물 안으로 들어갔다.

"야, 비켜! 이렇게 입구를 가로막고 있으면 어떡해!"

그러자 짐도 지지 않겠다는 듯 그 학생의 옆구리를 툭 치며 복수의 주먹을 날렸다.

수업 시간이 다가와 룰루와 짐도 서둘러 교실로 향하다가 라이프니츠 흉상 앞에서 다시 한 번 걸음을 멈췄다.

“아무래도 샤르테 선생님과 얘길 나눠 보는 게 좋겠어.”

짐이 결연한 어조로 말했다.

“내 생각도 그래.”

룰루가 짐의 의견에 동의했다.

그로부터 며칠 뒤 룰루와 짐, 니나와 코르넬리스는 샤르테 선생님을 찾아갔다. 대화는 샤르테 선생님 집 거실에서 진행되었다. 선생님은 네 친구에게 차를 대접했다.

룰루는 선생님과의 대화를 위해 미리 생각을 정리하고, 연습해둔 대로 조목조목, 차근차근 그간 자신들이 알아낸 사실들을 보고했다. 수사 과정이 얼마나 험난했는지 알려드리는 것도 잊지 않았다.

샤르테 선생님은 룰루의 말 한 마디 한 마디에 귀를 기울였다.

분명 궁금한 게 있으셨을 테지만, 이런저런 질문으로 룰루의 말을 자르는 대신 우선 끝까지 들어보기로 결심하신 듯했다.

룰루는 맨 처음 도난 사건에 대해 알게 된 경위부터 말씀드린 뒤 샤르테 선생님이 진범이라고는 단 한 순간도 생각한 적이 없다고 강조했다. 그리고는 한지히 선생님으로부터 사건 당일에 관한 정보를 캐낸 과정, 코르넬리스의 뒤를 캔 과정, 로버트 벨러와의 만남 등 하나도 빠짐없이 모두 다 보고했다. 그런 다음 마지막으로 해당 사건이 결국 빌트 선생님의 자작극인 것 같다는 자신의 이론도 말씀드렸다.

문제 61

코르넬리스가 은행에 1,600유로를 저축했다. 이자율이 6%인 예금이었다. 만약 코르넬리스가 이자율이 6%가 아니라 8%인 예금을 들었다면, 그런 뒤 이자율이 6%인 예금에 가입했을 때와 똑같은 액수의 이자를 예금기간이 같다는 조건 아래에서 수령하려면 처음 저축액(원금)은 얼마가 되어야 할까?

룰루가 자작극 이야기를 꺼내자 샤르테 선생님이 초조한 기색을 감추지 못하고 자리에서 일어나 창가로 가셨다. 룰루의 발표가 끝난 뒤 샤르테 선생님 집 거실에는 침묵과 긴장만이 감돌았다. 모두들 샤르테 선생님만 쳐다보고 있었다.

샤르테 선생님은 오랫동안 네 친구에게 등을 돌린 채 창가에 서서 멍하니 정원만 내다보셨다. 그 자리에 있던 그 누구도 감히 입을 떼지 못했다. 모두의 마음속에는 걱정뿐이었다.

'혹시 우리가 이렇게 뒷조사를 했다는 사실에 선생님이 너무 화가 나신 건 아닐까?'

"세상에, 이건 말도 안 돼!"

기나긴 침묵 끝에 샤르테 선생님 입에서 나온 첫 마디였다.

룰루와 니나, 짐과 코르넬리스는 샤르테 선생님이 드디어 무슨 말을 했다는 사실에 안도의 한숨을 내쉬었다.

"우선 너희들한테 사과부터 해야겠구나."

샤르테 선생님이 천천히 입을 여셨다. 그런 다음 몸을 약간 틀어 코르넬리스를 향하더니 이렇게 말씀하셨다.

"코르넬리스야, 의심해서 미안하구나. 아무 죄도 없는 널 의심했다는 사실에 미안하고 부끄러워서 어떻게 해야 좋을지 모르겠다."

"아니에요, 아저씨, 오히려 제가 죄송해요."

억지로 울음을 참고 있는 듯 코르넬리스가 목멘 소리로 대답했다.

“모든 게 너희들이 생각했던 바로 그대로였어.”

샤르테 선생님이 코르넬리스에게 다가가 어깨를 감쌌다. 그런 다음 다시 세 친구를 향해 이렇게 말씀하셨다.

“난 정말로 코르넬리스가 진범이라 철석같이 믿었어. 돈 봉투가 내 가방에서 발견되었을 때 맨 처음 떠오른 얼굴이 바로 코르넬리스였지. 내 가방과 교무실 열쇠를 갖고 있었으니 당연히 의심할 수밖에 없었지. 게다가 빌트 선생님께 내가 건네준 그 번호식 자물쇠도 코르넬리스가 범인이라 믿을 수밖에 없게 만든 또 다른 증거였지.”

“엥, 뭐라고요? 그건 무슨 말씀이세요?”

뜻밖의 말에 코르넬리스가 깜짝 놀랐다.

문제 62

니나도 은행에 일정 액수를 예금했다. 6개월짜리 예금인데 이자율은 6.5%였다. 만약 니나가 6개월짜리 예금 대신 5개월이 만기인 예금을 든 상황에서 6개월짜리 예금 만기 후 수령액과 똑같은 액수를 수령하려면 이자율은 얼마가 되어야 할까?

"기억 안 나? 그 자물쇠 말이야, 네가 나한테 준 거잖아? 언젠가 내가 화학 실험실에서 쓸 자물쇠가 필요하다니까 네가 그걸 줬어. 붉은색 사인펜으로 스마일 하나를 그려서 줬잖아. 그 때문에 난 네가 교무실에 들어갔을 때 그 자물쇠를 금방 알아봤을 거라 생각했어."

"전 그날 교무실에 그 자물쇠가 있는지도 몰랐어요!"

코르넬리스가 억울하다는 듯 큰 소리로 외쳤다.

"알아, 알아, 지금은 다 알아. 하지만 그 당시 나로선 네가 그 자물쇠를 봤는지 못 봤는지 알 길이 없었어. 게다가 넌…… 그야말로 사고뭉치였잖아. 틈만 나면 이런저런 일들을 저지르고 다녔지……."

코르넬리스가 겸연쩍은 표정으로 얌전히 고개를 끄덕이며 기어들어가는 목소리로 대답했다.

"뭐, 그건 맞는 말이에요."

"어쨌든 난 네가 우연히 빌트 선생님의 돈 봉투에 대한 정보를 입수했다고 믿었어. 12학년 애들 수학여행비가 든 돈 봉투 말이야. 원래 문제아들은……, 흠, 그러니까 그 당시의 너 같은 아이들은 그런 정보들은 귀신같이 알아내잖아."

샤르테 선생님이 의미심장한 미소를 지었다.

"게다가 그날 우연히도 넌 내 가방과 교무실 열쇠를 손에 넣게 되었고, 아무리 생각해도 네가 그 절호의 기회를 놓칠 리가 없다는 생각이 들었지. 난 그야말로 일말의 의심도 없이 네가 진범이라고 믿어 버렸어. 지금도 그게 제일 미안해. 그날 수업을 마치고 교무실에 갔을 때, 한바탕 소동이 일어난 걸 봤고, 그 소동의 중심에 내 가방이 있다는 걸 알고는 정말이지 당황스러웠어. 그리고 바로 다음 순간, 불길한 예감이 들었어. 그때까지 상황을 종합해 봤을 때 결국 네가 그 돈 봉투를 내 가방에 넣어 놓았다고밖에 생각할 수 없었지."

"말도 안 돼요! 내가 대체 왜 그 돈 봉투를 아저씨 가방에 넣어 뒀겠어요?"

코르넬리스가 항변했다.

"그렇잖아요, 만약 제가 정말 그 돈을 훔쳤다면 그걸 제 가방에 넣지, 왜 아저씨 가방에 넣겠어요?"

코르넬리스가 분하고 억울한 마음에 북받친 감정을 주체하지 못하고 양손으로 흐르는 눈물을 한 번 쓱 훔쳤다.

자, 이번에는 매우 특별한 연산 문제를 준비했다. 이번 문제는 마이너스 숫자, 즉 음수가 포함된 문제이다. 과연 독자들이 이 문제도 거뜬히 풀어낼 수 있을까? 문제를 풀기 전에 서로 다른 부호가 붙은 숫자들을 연산 할 때는 반드시 기억해야 할 기본 규칙부터 살펴보자.

1. 플러스 기호이든 마이너스 기호이든 숫자 앞에 같은 부호가 붙어 있을 때에는 각 숫자들을 모두 합한 뒤 해당 기호만 앞에 붙여 주면 된다.

예: $-5-7=-12$

$+6+8=+14$

2. 숫자 앞에 붙은 부호가 서로 다른 경우에는 두 숫자 중 큰 수에서 작은 수를 뺀 뒤 둘 중 큰 수 앞에 붙어 있는 부호를 붙여 주면 된다.

예: $-19+31=+12$

$+56-75=-19$

자, 이제 드디어 문제를 풀 시간이다!

$-15+56-69-357+482-268-174=$

“그 이유에 대해서도 생각해 봤어. 난 누군가가……, 그러니까 학생이든 교사든 누가 됐든, 네가 교무실에 들어가는 걸 본 사람이 있을 거라 생각했어. 널 범인으로 지목할 목격자 말이야. 내가 너였다 하더라도 아마 선생님들이 당장 가방 검사를 할 가능성을 완전히 배제하지 않았을 거야. 그랬다면 결국 너는 꼼짝없이 잡히고 말았겠지. 그래서 일단은 그 돈 봉투를 내 가방에 숨긴 거야. 나는 가방 바닥에 돈 봉투가 있다는 사실을 꿈에도 생각 못 했을 테니 말이야. 게다가 내가 그 돈을 집으로 ‘배달’해 줄 거의 확실한 상황이니, 난 네가 그 돈을 내 가방에 숨길 이유가 충분하다고 생각했어.”

“세상에, 저를 그렇게까지 나쁜 놈으로 봤단 말씀이세요?”

다행히 코르넬리스는 샤르테 선생님의 말에 큰 상처를 받지는 않은 듯했다. 그저 자신이 다른 사람 눈에 그 정도로 엇나가 보였다는 사실에 놀랐을 뿐인 듯 보였다.

“그래, 미안하지만 그게 사실이야.”

샤르테 선생님이 다시 창가로 가서 밖을 내다보시며 대답했다.

“그런데 왜 다른 선생님한테 제가 진범이라는 걸 말하지 않으셨어요?”

코르넬리스가 낮은 목소리로 물었다.

“내가 그걸 어떻게 말할 수 있었겠니? 도저히 그럴 순 없었어.

당시 넌 문제가 많은 아이였고, 그 때문에 모두들 네 걱정뿐이었어. 네 엄마도, 아빠도, 잉가도, 나도, 모두들 어떻게 해야 널 바른 길로 이끌어 줄 수 있을지 고민했단다. 그러다가 그 사건이 일어났지. 난 네가 진범이라고 확신하고 있었지만 넌 내게 아무 말도 해주지 않았어. 그 상황에서 내가 뭘 어떡해야 좋을지……, 그 사실을 알고 나면 네 엄마는 어떤 반응을 보일지……, 그런 걱정이 앞섰어."

샤르테 선생님이 안경을 낀 채로 눈을 몇 번 껌뻑이셨다.

"그런데 한 가지 궁금한 게 있어. 대체 그날 그 시간에 교무실엔 왜 간 거니? 무슨 짓을 저지르려고 거기에 간 거야?"

코르넬리스가 갑자기 헛기침을 하며 목을 가다듬더니 샤르테 선생님께 모든 걸 다 털어놓았다.

"그렇군, 그렇지 않아도 몇몇 학생들의 성적이 널뛰기를 하는 걸 보며 정말 이상하다고 생각했었어."

샤르테 선생님의 목소리에 화가 난 기색은 전혀 느껴지지 않았다.

"설마 전학 간 학교에서도 그런 짓을 저지르고 다니는 건 아니겠지?"

"그럴 리가요, 새 학교에선 그런 일은 단 한 번도 없었어요."

코르넬리스가 진지하고도 단호하게 대답했다.

"이제 빌트 선생님 문제는 어떻게 처리해야 하죠?"

룰루가 갑자기 질문을 던졌다.

"경찰에 신고할까요? 어쨌든 이건 명백한 범죄잖아요! 만약 이 사건을 경찰에 신고하면 빌트 선생님은 분명 교장 직에서 물러나야 할 거고, 그럼 샤르테 선생님이 비젠그룬트의 교장선생님이 될 수 있겠네요? 제 생각엔 그렇게 되어야 옳은 것 같아요. 그게 바로 '정의'예요!"

말을 마친 룰루가 박수가 나오지 않을까 기대하며 좌중을 둘러보았다.

문제 64

같은 부호가 붙은 숫자 두 개를 곱하면 답은 항상 양수가 된다. 즉 양수와 양수를, 혹은 음수와 음수를 곱하면 답은 늘 양수가 되는 것이다. 반대로 서로 다른 부호가 붙은 숫자 두 개를 곱하면 답은 항상 음수가 된다. 그 원칙을 염두에 두고 다음 연산을 풀어 보자!

$(-6)\times(+5)\times(-2)-(+3)\times4\times(-8)=$

"아니, 우린 아무 행동도 하지 않을 거야."

샤르테 선생님이 조용하지만 매우 결연한 목소리로 선포했다.

"아무 행동도 하지 않을 거라고요?"

룰루가 잔뜩 실망한 목소리로 물었다.

"왜요, 왜 그래야 하는데요?"

"첫째, 경찰은 그 사건에 대해 들은 바도 아는 바도 없어. 게다가 그 사건은 이미 2년 전의 일이고. 그뿐 아니라 증거도 불충분해. 혹시 지문이라도 확보했니? 증인이라도 있어? 거 봐, 우리한텐 아무것도 없어!"

샤르테 선생님이 검지까지 치켜들며 열변을 토했다.

"솔직히 말하자면 난 아직도 빌트 선생님이 진범이라는 확신이 서지 않아. 너희들 설명이 꽤 논리적이고 그럴싸함에도 불구하고 말이야. 너희들은 대체 무슨 근거로 빌트 선생님이 진범이라고 확신하는 거지? 다음으로 설령 빌트 선생님이 진범이라 하더라도 나 때문에 그 사람의 인생을 와르르 무너지게 만들 순 없어. 빌트 선생님에게는 아내와 자녀들이 있어. 온 가족을 불행으로 몰아넣는 건 결코 바람직한 일은 아니잖아? 난 코르넬리스가 범인이 아니라는 걸 알게 된 것만으로 충분히 만족해."

"그렇지만 선생님……."

룰루가 반박하려 했다. 하지만 샤르테 선생님이 룰루의 말을 가로막으셨다.

"잘 들어 봐."

샤르테 선생님이 조금 전보다 한결 부드러운 목소리로 말을 이었다.

"빌트 선생님 심정도 결국 나와 똑같았을 거야. 빌트 선생님도 김나지움에서 학생들을 가르치는 게 적성에 맞지 않았던 거지. 난 그 학교 교장으로 뽑혔던 아니든 분명 사표를 냈을 거야. 예전에 몸담았던 대학으로 다시 돌아가면 되니까 말이야. 예전 동료들과 계속 연락을 하고 지냈고, 관계도 좋았거든. 게다가 난 부양해야 할 가족도 없어. 하지만 빌트 선생님은 상황이 달랐어. 그 학교 교장으로 임명되지 않을 경우, 갈 곳이 없었지. 그리고 만에 하나 빌트 선생님이 진범이라 하더라도 이미 자신의 죄를 충분히 뉘우쳤을 거야. 그러니 이제 와서 예전의 죄를 물어 처벌까지 받게 하는 건 옳지 않아. 중요한 건 그 사람이나 나나 같은 심정이었다는 것뿐이야."

"과연 그럴까요? 저는 잘 모르겠어요!"

룰루가 화를 내며 말했다.

"죄를 저질렀으면 처벌을 받아야 마땅한 거 아닌가요?"

룰루가 동의를 구하는 눈길로 니나와 짐을 쳐다봤다. 하지만 원래 룰루보다는 훨씬 더 부드러운 성격인 그 둘은 짐짓 모르는 체 룰루의 눈길을 피해 버렸다.

"나 때문에 너희들이 그렇게 많은 시간과 노력을 투자한 것에 대해선 진심으로 고맙게 생각하고 있어."

샤르테 선생님이 조근조근 말을 이었다.

"정말이야, 너희들의 마음과 정성은 평생 잊지 않을 거야. 하지만 난 너희들이 더 이상 이 사건을 파고드는 걸 원치 않아. 내 말, 무슨 뜻인지 잘 알지?"

샤르테 선생님은 손바닥을 창가에 탁 내리치며 마지막 말이 자신의 진심이라는 사실을 강조했다.

"네, 잘 알겠어요……."

선생님의 결정이 결코 마음에 들지 않았던 네 친구가 우물거리며 어정쩡하게 대답했다.

"그리고 이 일을 그 누구에게도 발설해서는 안 돼!"

샤르테 선생님이 손으로 입을 틀어막는 시늉까지 하며 강조했다. 모두들 입에다 지퍼를 채우라는 무언의 명령이었다.

이번 문제도 양수와 음수가 혼합된 연산이다. 앞서 나온 공식을 다시 떠올리며 풀어 보자.

$$\left(-\frac{3}{5}\right)\div\frac{2}{5}-\left(+\frac{2}{3}\right)\div\left(-\frac{5}{6}\right)=$$

그로부터 2주라는 긴 시간이 흘렀다. 룰루와 니나 그리고 짐은 그사이 그 사건을 머릿속에서 지우고 평범했던 예전의 생활로 돌아오기 위해 안간힘을 썼다. 하지만 되돌아온 일상은 지루하기만 했다. 당연히 그렇게 느껴질 수밖에 없었다. 스릴 넘치는 추리도, 은밀한 비밀도, 흥미진진한 수사 과정도 더 이상 없었으니 말이다.

룰루는 그 이후에도 여전히 샤르테 선생님께 수학 과외 수업을 받았다. 얼마 뒤 있을 수학 시험에 대비하기 위해서였다. 니나와 짐의 도움도 많이 받았다. 방과 후 함께 책상 앞에 앉아 수학 문제집을 풀며 시간을 보내곤 했다. 룰루는 이번만큼은 반드시 최소한 '미'는 받고야 말겠다고 굳게 결심했다.

그날도 룰루는 친구들과 함께 공부를 하던 중 명언 하나를 인용했다.

"수학은 생각을 정리하는 데에 도움이 된다는 이유만으로도 충분히 공부할 가치가 있는 학문이다!"[4)]

아빠한테 들은 말이었다. 아빠는 가장자리가 누렇게 바랜 어느 책에서 그 글을 읽으셨다고 했다.

"우와, 그런 명언까지 마음에 새기고 있다니, 이번엔 수학에서

---

4) 러시아의 시인이자 과학자, 언어학자인 미하일 로모노소프가 남긴 말.

'미'가 아니라 '수'도 거뜬히 받겠는걸!"

짐이 룰루를 놀렸다.

자존심이 상한 룰루가 반박하려던 찰나, 갑자기 초인종이 울렸다.

"코르넬리스 오빠가 왔나 봐."

니나가 독거미한테 물리기라도 한 듯 갑자기 의자에서 튀어 오르며 소리쳤다.

"뭐야, 이젠 널 그림자처럼 졸졸 따라다니기까지 하는 거야? 흠, 둘이 잠시도 떨어지기 싫다는 뜻이겠지!"

짐이 계단을 뛰어내려가며 비꼬듯 말했다.

"참, 니나야, 지난번 그 정비소 일 사과할게. 코르넬리스 오빠랑 너한테 내가 좀 심하게 굴었잖아."

룰루가 니나에게 귓속말을 건넨 뒤 안도의 한숨을 내쉬었다. 가장 친한 친구의 마음을 아프게 했다는 생각에 계속 마음이 편치 않았는데, 드디어 사과를 한 것이다.

"아냐, 널 그렇게 혼자 남겨둔 내 잘못도 커."

니나도 룰루의 손을 맞잡으며 진심 어린 사과를 건넸다.

그때 짐이 누군가를 데리고 방으로 돌아왔다. 그런데 짐 뒤에 서 있는 사람은 다름 아닌 루이자 빌트였다! 얼마나 울었는지 눈이 퉁퉁 부어 있었고 코도 벌겋게 달아올라 있었다. 짐이 의자를 내밀자 루이자는 말없이 그 위에 털썩 주저앉았다.

66 문제

다음 연산의 괄호를 풀고 정리해 보자.

$-[13-(5+2a)-9a]-(11a-7)=$

"대체 무슨 일이에요?"

룰루가 물었다.

"짐, 네 말이 맞았어!"

루이자가 울음을 터뜨리며 소리쳤다.

"우리 아빠가 정말로 샤르테 선생님 가방에 돈 봉투를 넣어뒀어. 무슨 생각으로 아빠가 그랬는지 도무지 이해가 되지 않아!"

루이자는 말을 하는 동안에도 말을 마친 다음에도 계속 흐느끼며 손등으로 눈과 코를 비볐다.

짐은 그런 루이자에게 휴지를 건넸고, 니나는 루이자의 어깨를 껴안으며 어떻게든 달래 보려고 애를 썼다.

그때 룰루가 짐의 옷깃을 잡아당기며 말했다.

“잠깐 나랑 얘기 좀 할 수 있어?”

복도로 나온 뒤 룰루는 짐을 향해 사정없이 으르렁거렸다.

“뭐야, 이 일에 대해 아무한테도 발설하지 말라는 샤르테 선생님의 당부는 그사이에 말끔히 잊어버린 거야? 대체 어쩌자고 이 일을 루이자 언니한테까지 알린 거야!”

그러자 짐이 민망한 표정으로 더듬거리며 대답했다.

“저기……, 사실……, 아무리 노력해도 이 사건이 머릿속에서 지워지지가 않더라고. 그래서 결국 지난 목요일에 그 수학 스터디 모임에 다시 갔어. 루이자 누나한테 무슨 얘길 하려고 간 건 맹세코 아냐. 난 그저 내가 입회 시험을 통과했는지 아닌지 알고 싶었을 뿐이야.”

“잘도 그랬겠다!”

룰루가 짐의 말을 믿을 수 없다는 듯 한껏 비꼬았다.

“아니……, 정말이야. 근데 거기 갔더니 루이자 누나가 있더라고. 누나가 자꾸만 내게 말을 걸었어. 우리가 뭐라도 알아낸 게 있는지, 탐정놀이는 이제 끝났는지, 자기도 우리 팀에 끼워주면 안 되는지 등등을 물어보면서 살살 약을 올렸어."

"그래서?"

룰루가 긴장의 끈을 늦추지 않고 짐을 몰아붙였다.

"그래선 뭐가 그래서야, 어느 순간 더 이상 참지 못하고 폭발해 버린 거지. 내가 누나한테 소리쳤어, '맞아요, 알아낸 게 있다고요, 그래서 어쩔 건데요!'라고 말이야. 그러다 보니 나도 모르게 하지 말아야 할 말들까지 내뱉고 말았어."

말이 끝나는 것과 동시에 룰루가 짐의 팔을 홱 잡아채며 방 안으로 끌고 들어갔다.

67 문제

다음 연산의 항들을 정리하고, x는 숫자 1로, y는 숫자 2로 대체해 보자.

$12x \times 2y + x \times (-3y) + (-4x) \times y - 8xy =$

"언니, 얘가 한 말은 전부 다 거짓말이에요!"

룰루가 사태를 무마하기 위해 급히 거짓말을 둘러댔다.

"언니가 약을 올리니까 홧김에 있지도 않은 얘기들을 지어낸 거예요. 자기도 언니를 약 올리려고 말이죠."

"아냐, 결코 그렇지 않아!"

루이자가 머리카락이 휘날릴 정도로 세차게 고개를 흔들며 반박했다.

"짐이 한 말은 전부 다 사실이야. 짐의 얘기를 듣고 난 뒤 나도 그 당시 상황에 대해 다시 한 번 곰곰이 생각해 봤어. 그러다 보니 내가 알고 있는 게 과연 진실인지 의심이 들더라고. 그래서 엄마한테 물어봤어, 아빠가 그 학교 교장선생님으로 임명될 때 어땠냐고 말이야. 엄만 아빠가 교육청 사람들과 꽤 친한 편이었고, 교장선생님으로 임명되기 직전에 교육청 사람들과 통화도 하셨다고 말씀하셨어. 그때 교육청 사람들이 우리 아빠한테 알려줬대. 나머지 후보들은 모두 떨어지고 이제 남은 건 샤르테 선생님과 아빠뿐이라고 말이야. 그 말을 들은 아빠는 불처럼 화를 내셨대. 샤르테 선생님과 맞붙으면 결코 이길 수 없다며 말이야. 그 당시 엄만 매일같이 화만 내시는 아빠 때문에 정말이지 힘들었나 봐. 아빤 그 자리를 간절히 원했는데 뜻대로 되지 않을 것 같으니 그 상황을 도저히 감당하기 힘들었던 거야. 엄마한테 그 얘길 다 들은 뒤 아빠한테 물어봤어. 엄마 말이 전부 다 진실이냐고, 혹시 아빠가 무슨 얄팍한 술수 같은 걸 부려서 교장선생님으로 뽑힌 건 아니냐고 말이야. 그랬더니 우리 아빠가 어떻게 했는지 알아?"

갑자기 루이자가 말을 멈추고 양손으로 얼굴을 감싸 쥐었다.

"우리 아빠가 말이지……, 우리 아빠가 날 때렸어. 있는 힘껏 내 뺨을 때리셨어! 평생 처음 있는 일이었어! 입 닥치라고 소리도 치셨어! 대체 어디서 그 따위 소리를 들었냐며, 대체 어떤 녀석들이 그 따위 거짓말들을 지어내고 다니느냐며 길길이 날뛰셨어. 그 모습을 보니 모든 게 분명해졌어. 아빠가 그렇다고 자백한 것은 아니지만 난 알 수 있었어. 아빤 겁에 질려 있었어. 화가 나서가 아니라 두려워서 온몸을 부들부들 떨고 계셨어."

루이자의 눈에서 다시금 눈물이 흘러넘쳤다. 짐은 그 눈물을 닦아주기라도 하려는 듯 손을 들었다가 내리더니 루이자의 예쁜 얼굴이 눈물로 얼룩지는 광경을 그저 안타깝다는 듯, 바라보기만 했다.

'아이고, 저번에는 니나가 코르넬리스 오빠한테 빠지더니 아무래도 이번에는 짐 차례인 것 같아.'

룰루가 마음속으로 생각했다.

"아마 언니가 잘못 생각하고 있는 걸 거예요."

룰루가 큰 소리로 단호하게 선언했다.

"그리고 만에 하나 정말로 빌트 선생님이 나쁜 짓을 저지르셨다 하더라도 교장 자리에서 물러나는 사태는 발생하지 않을 거예요. 그러니 두려워할 필요도 없어요. 짐도 앞으론 이 얘기를 절대, 어디에 가서도, 누구한테도 말하지 않을 거예요. 빌트 선생님께도 그렇게 전하세요."

"네가 우리 아빠한테 직접 말하지 그러니!"

루이자가 코를 훌쩍이며 말한 뒤 의자에서 일어섰다.

"너희들이 보기에는 지금 내가 처한 상황이 그저 재미있기만 할 뿐이지? 알았어, 그럼 내가 직접 나서서 문제를 해결할 거야!"

"아니, 그게 아니에요! 사실은 말이죠……."

짐이 루이자의 화를 잠재우기 위해 벌떡 일어섰다. 하지만 룰루가 그런 짐의 옆구리를 힘차게 찔렀고, 그 바람에 짐은 다시 입을 다물고 말았다.

루이자가 가고 나자 룰루가 짐에게 따졌다.

"대체 무슨 말을 또 하려고? 지금까지 떠든 걸로는 부족한 것 같아? 샤르테 선생님과의 약속은 깡그리 다 잊은 거야? 그런 거야? 그렇게 자꾸 입을 놀리면 상황만 더 복잡해진다고! 무슨 말인지 알아들어?"

짐은 아무런 대답도 하지 않은 채 시무룩한 얼굴로 다시 자리에 앉았고, 세 친구는 방금 전의 일을 잊으려는 듯 한 마디도 주고받지 않은 채 문제 풀기에만 전념했다.

68 문제

니나와 니나 엄마의 나이를 합하면 48세이다. 니나 엄마의 나이는 니나 나이의 정확히 세 배이다. 그렇다면 니나 엄마는 지금 몇 살일까?

그 후 며칠 동안 세 친구의 기분은 내내 저기압 곡선을 그렸다. 룰루는 이번에도 수학 시험을 망친 것 같아 속이 상했고, 짐은 루이자 누나가 학교에 모습을 보이지 않아서 애를 태웠다. 주변에 물어봐도 루이자가 결석한 이유를 아는 사람은 아무도 없었다. 그뿐 아니라 짐은 룰루에게 단단히 삐쳐 있었다. 룰루가 루이자를 돕는 데 적극적으로 나서지 않았다는 이유 때문이었다. 아니, 돕기는커녕 룰루는 돕는 것을 적극적으로 반대하기까지 했다!

사실 룰루도 짐 때문에 화가 머리 끝까지 나 있었다. 샤르테 선생님과의 약속을 어기고 함부로 떠들고 다닌 짐이 용서가 되지 않았던 것이다. 그 와중에도 니나는 코르넬리스의 전화만 기다리고 있었다. 니나 생각에는 지난번에 자기가 먼저 전화를 걸었으니 이번에는 코르넬리스가 전화를 걸 차례였고, 만약 이번에도 자기가 먼저 전화를 걸면 자기가 코르넬리스를 더 좋아한다는 사실을 인정하는 꼴이 된다며 고집을 부렸다.

룰루와 짐은 누가 먼저 전화를 걸든 그게 뭐가 그리 중요한지 이해할 수 없었다. 그리고 말도 안 되는 밀고 당기기 삼매경에 빠진 니나가 유치하게만 느껴졌다.

결국 세 친구는 그렇게 며칠 동안을 서로 얼굴도 보지 않고 연락도 주고받지 않은 채 지냈다. 하지만 그 다음 일요일, 세 친구 사이의 갈등을 자연스럽게 풀어 줄 획기적인 사건이 일어났다!

수학 보충수업이 끝난 뒤 룰루와 니나 그리고 짐은 학교 앞 인도에 어색한 얼굴로 나란히 서 있었다. 친구가 된 뒤 처음으로 며칠 동안이나 본 체 만 체하며 지냈기 때문에 서로 말을 걸기도 애매하고 그렇다고 금방 그 자리를 떠나기도 이상한 그런 묘한 상황이었다. 그때 갑자기 작은 스쿠터 하나가 부릉부릉 소리를 내며 다가오더니 세 친구 앞에서 급정거를 했다. 그러더니 스쿠터의 주인이 헬멧을 벗었는데, 그 주인공은 바로 코르넬리스였다!

69 문제

다음 방정식을 풀어 보자.

$2x-(4+3x)=61-14x$

"얘들아, 지난 며칠 동안 무슨 일이 일어났는지 아니? 빌트 선생님 딸 말이야……."

갑자기 코르넬리스가 말을 멈추고 세 친구에게 의미심장한 눈길을 보냈다.

"아무래도 걔가 이번 사건에 대해 뭔가를 알아낸 것 같아! 자기 아빠의 행동에 너무 실망한 나머지 집까지 나갔대. 며칠 동안 친구 집에서 지내겠다며, 사건의 진상을 알려 주기 전까진 절대 다시 집으로 돌아가지 않겠다고 선언했대. 빌트 선생님은 처음엔 꿈

쩍도 하지 않았지만 루이자가 기숙사를 알아보고 있다는 소식에 결국 두 손 두 발 다 들고 말았대."

코르넬리스가 다시금 말을 멈추더니 히죽하며 웃었다. 자신의 정보 입수 능력에 스스로 감탄하고 있는 게 분명했다.

"그러니까 말하자면 빌트 선생님이 항복을 한 거지. 결국 빌트 선생님이 게오르크 아저씨를 찾아가 모든 사실을 털어놓은 뒤 처분만 기다리겠다고 했대."

"진짜예요?"

세 친구가 합창을 했다.

"우와, 어떻게 그런 일이 있을 수 있죠!"

세 친구의 반응에 적잖이 만족한 코르넬리스가 말을 이었다.

"뭐, 어쨌든 빌트 선생님이 자신의 잘못을 깨끗이 시인했대. 그러면서 그 모든 일이 사전에 미리 계획한 건 아니라고, 그냥 어쩌다 보니 일이 그렇게까지 커져 버린 거라고, 모든 상황이 범죄를 저지를 수밖에 없게 만들었다고 말했대. 자물쇠 번호를 모두가 들을 수 있게 큰 소리로 말했던 것도 그렇고, 샤르테 선생님 자리에 주인 없이 놓여 있던 가방도 그렇고, 모든 상황이 너무 완벽했다는 거야. 대학 시절부터 교장선생님이 되는 게 꿈이었다고도 말씀하셨대. 정말 그 자리를 간절히 원했다는 거지. 게오르크 아저씨가 어떻게 나왔는지는 말 안 해도 알겠지? 맞아, 과거는 과거일 뿐, 지나간 일에 대해 잘잘못을 따질 필요는 없다고 말씀하셨대."

70 문제

코르넬리스에게는 농장을 운영하는 삼촌이 있다. 그 농장에서는 소와 닭도 키우는데, 소와 닭의 머리를 다 합하면 35개, 다리를 다 합하면 94개라 한다. 그렇다면 그 농장에서 키우는 닭은 총 몇 마리일까?

"문제는 빌트 선생님의 딸이었어. 루이자는 자기 아빠가 분명 큰 잘못을 저질렀고, 그런 만큼 그에 맞는 대가를 치러야 한다며 고집을 피운 거야."

"옳소!"

룰루가 박수를 쳤다.

"그런데 무슨 대가를 어떻게 치른다는 거예요?"

니나가 눈을 반짝이며 물었다.

"짜잔! 여러분들이 보고 계신 바로 이 멋진 물건이 바로 그 대가랍니다!"

코르넬리스가 스쿠터를 쓰다듬으며 말했다.

"이 생각을 해낸 건 바로 게오르크 아저씨였어. 자기는 줄곧 내가 진범이라고 믿어왔다며, 그런 의미에서 나야말로 이 사건의 실질적 피해자라고, 보상을 할 거면 나한테 하는 게 옳다고 주장하신 거야. 두 분은 결국 빌트 선생님이 나한테 스쿠터 한 대를 사 주는 걸로 사건을 마무리하기로 결정하셨대. 정확히 따지자면 스쿠터를 사 주자는 아이디어를 낸 건 빌트 선생님이었지."

"우와, 정말 축하해요! 우리, 파티라도 해야 하는 거 아니에요?"

룰루가 니나와 짐을 끌어안으며 말했다. 그리고는 생각난 뒤 룰루가 가방을 뒤적이더니 종이 한 장을 꺼냈다.

"근데 얘들아, 사실 파티를 해야 할 중대한 이유가 한 가지 더 있어!”

거기에는 며칠 전에 있었던 수학 시험 결과가 인쇄되어 있었다.

“이것 봐, 내가 수학에서 ‘우’를 받았어! 이 정도면 파티를 하기에 충분한 이유겠지?”

니나가 기쁜 마음에 룰루를 껴안아 주었고, 짐도 환하게 미소를 지었다.

“룰루 네가 ‘우’를 받았다니, 정말 대단해! 잠깐, 방금 무슨 과목이라 했지? ‘수우우하아악’이라 했던가? 설마 내가 잘못 들은 건 아니겠지?!”

짐의 농담에 룰루가 윙크로 화답했다.

“나, 지금부터 수학이랑 화해하기로 결심했어. 게다가 이젠 축구 훈련에 빠질 필요도 없으니 더더욱 수학을 좋아할 수 있게 될 것 같아!”

룰루가 장난스러운 미소를 지으며 친구들에게 손을 흔들었고, 세 친구는 가벼운 발걸음으로 각자의 집으로 향했다. 스쿠터 페달 위에 올려둔 코르넬리스의 발도 분명 세 친구의 발걸음만큼이나 가벼웠을 것이다!

재미있는
수학 문제들

문제 1

코르넬리스는 스쿠터를 타고 니나가 자전거로 달린 거리보다 4배나 먼 거리를 달렸다. 그런데 코르넬리스가 만약 12km만 덜 달렸다면 니나와 코르넬리스가 달린 거리는 같았을 것이다. 그렇다면 코르넬리스가 달린 거리는 얼마였을까?

문제 2

룰루와 니나 그리고 짐이 다니는 학교에 폭이 2.50m인 녹지를 조성할 계획이라 한다. 그렇다면 녹지의 총 면적은 얼마일까?(학교 건물의 폭은 7m)

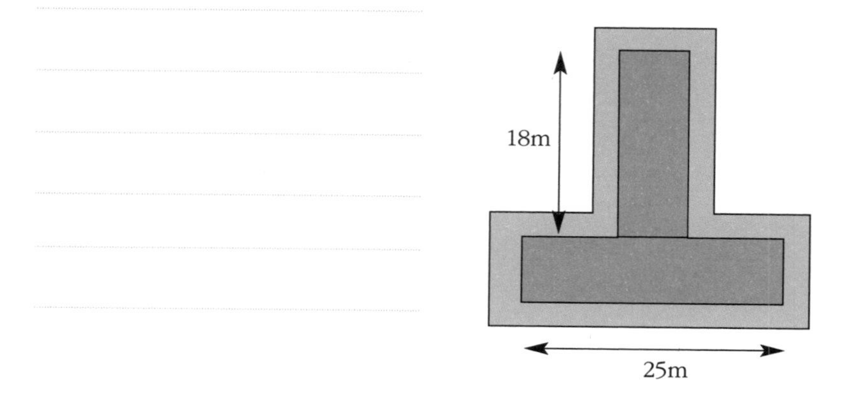

문제 3

샤르테 선생님이 잉가 아줌마와 같이 살 집을 하나 짓고 싶어 한다. 이를 위해 샤르테 선생님은 주택 단지가 새로 들어설 땅을 둘러보았다. 그 땅의 총 면적은 1.216ha였는데, 주택 하나당 배정될 대지의 면적은 320m^2이었다. 그렇다면 해당 단지에 입주하게 될 샤르테 선생님의 이웃 가구는 총 몇 가구일까?

문제 4

다음 연산들의 답을 구해 보자.

1 2시간 19분+7시간 20분−5시간 32분−22분=

2 2m 30cm+55cm−12m+4.7m−5,550mm=

3 7kg 580g−740g−675g−1kg 180g+15g=

문제 5

다음 연산들의 답을 구해 보자.

1 $6-2^5\times3=$

2 $(8-2^3)\div(2+2)^2=$

3 $(8-2)^3\div(2+2^2)=$

문제 6

샤르테 선생님이 드디어 낡은 자동차를 버리고 새 자동차를 구입했다. 그런데 자동차의 가치는 1년에 20%가 줄어든다고 한다(평균 사용량일 경우). 그렇다면 막 새로 구입했을 당시의 자동차의 가치를 100%라 했을 때 3년 뒤 그 자동차의 가치는 몇 %로 줄어들까?

문제 7

어느 크루즈선이 암초를 만나 가라앉고 말았다. 승객 중 30명은 다행히 목숨을 건졌다. 그런데, 배에는 그 배에 탄 모든 승객이 60일 동안 먹을 수 있을 만큼의 식량이 실려 있었다. 그리고 현재 남아 있는 식량은 구조된 30명이 50일 동안 버틸 수 있는 양밖에 되지 않는다고 한다. 그렇다면 원래 그 배에 탄 승객은 총 몇 명이었을까?

문제 8

다음 연산들의 답을 구해 보자.

1 $\left(0.8\text{kg}\text{의 } \frac{1}{5}\right)$의 20%=

2 $\left(1\text{시간의 } \frac{3}{4}\right)$의 $33\frac{1}{3}\%=$

문제 9

샤르테 선생님이 룰루에게 내주신 숙제 중 끝에서 두 번째 문제를 해결하지 못해 룰루는 쩔쩔매고 있다. 다음 연산들이 바로 그 문제들이다. 룰루를 도와 다음 연산들을 풀어 보자. 이때, 답은 최대한 짧게 줄여야 한다!

1 $[a^2 \cdot (a \cdot b)] \cdot b^3 \cdot 7=$

2 $(a+b)^2 \cdot a+a^3-5b^2 \cdot a-a2b=$

3 $x^4 \div x^2-x^3 \div x^2-x^3 \div x-x^3 \div x^2=$

문제 10

졸업 파티에 참가한 룰루가 45분 동안 파티 참가자들의 모습을 비디오카메라에 담았다. 그런 다음 비디오테이프를 13배속으로 4분 동안 되감았다. 그렇다면 정상 속도로(1배속) 테이프를 감아서 해당 동영상의 시작 지점에 맞추려면 어느 방향으로 얼마 동안 감아야 할까?

문제 11

다음은 이항식, 즉 두 개의 항으로 이루어진 연산을 풀 때 적용되는 기본 공식들이다.

$$(a+b)^2=a^2+2ab+b^2$$

$$(a-b)^2=a^2-2ab+b^2$$

$$(a+b)(a-b)=a^2-b^2$$

위 공식들을 이용해서 다음 연산들을 풀어 보자.

1 $(2x+3)^2=$

2 $(c^2-1.5)^2=$

3 $(v^3-4)(4+v3^3)=$

문제 풀이
및
정답

정답 1

1 $47+94=141$(덧셈)

2 $24-37=-13$(뺄셈)

3 $12\times13=156$(곱셈)

3 $304\div16=19$(나눗셈)

$\Rightarrow 141-13+156+19=303$

정답 2

덧셈, 뺄셈, 곱셈, 나눗셈

$[(12+17)\times4+16]-(12-8)=128$

정답 3

1 $2^3=8$

2 $2^5=32$

3 $2^6=64$

4 $2^{10}=1{,}024$

$\Rightarrow 8+32+64+1{,}024=1{,}128$

정답 4

$1101_{(2)}$

$=1\times2^3+1\times2^2+0\times2^1+1\times2^0$

$=1\times8+1\times4+0\times2+1\times1$

$=13$

정답 5

$125=0\times128+1\times64+1\times32+1\times16$

$+1\times8+1\times4+0\times2+1\times1$

$=0\times2^7+1\times2^6+1\times2^5+1\times2^4+$

$1\times2^3+1\times2^2+0\times2^1+1\times2^0$

$=01111101_{(2)}$

정답 6

$1000=8 \rightarrow$ H

$0001=1 \rightarrow$ A

$1100=11 \rightarrow$ L

$1100=11 \rightarrow$ L

$1111=15 \rightarrow$ O

$\Rightarrow$ HALLO*

(* 독일에서 hallo는 영어의 hello에 해당하는 말)

정답 **7**

3의 반대편에는 4, 5의 반대편에는 2,

1의 반대편에는 6.

$\Rightarrow 4+2+6=12$

정답 **8**

$(11{,}142-11{,}056-17-34-16)\text{km}$

$=19\text{km}$

정답 **9**

365×24×60×60초=31,536,000초

정답 **10**

$$\frac{10\times(10-1)}{2}=45$$

정답 **11**

시간당 1m, 하루당 24m, 5일에 120m

120m=120,000mm

결과적으로 머리카락은 총 120,000가닥이 된다.

정답 **12**

$54\text{kg}\times\frac{64}{48}=72\text{kg}$

정답 **13**

$37\times x=11^2-10$

$37\times x=111$

$x=3$

정답 **14**

$32-19=13,\quad 13\times 3=39$

정답 **15**

6a반 학생 수를 x라 할 때 6b반의 학생 수는 $x-2$, 6c반의 학생 수는 $x+3$이 된다.

$x+(x-2)+(x+3)=88$

$x=29$

정답 **16**

1 1분 120초=3분

2 7시간 480분=15시간

3 2시간 114분 360초=4시간

$\Rightarrow 3+15+4=22$

정답 17

$37 \times 41 = 1{,}517$

⇒ $37 + 41 = 78$

정답 18

13:20

18:10－2시간 15분 → 15:55

⇒ 따라서 사건에 대해 고민한 시간은

15:55－13:20＝2:35

정답 19

7.98유로÷6＝1.33유로⇒ 1병당 15센트를 절약할 수 있다.

정답 20

$5{,}250g - (1{,}100g + 2{,}340g + 1{,}230g)$

$= 580g$

정답 21

[1,000－(3×59＋195＋79＋430)]센트

＝119센트

정답 22

기차와 다리의 길이를 합한 길이는 400m이고, 72㎞/h는 초속으로 환산하면 20㎧가 된다.

⇒ 즉 기차 앞부분이 다리에 진입해서 꼬리 부분이 다리를 벗어나기까지 총 20초가 걸리는 것이다.

$$72\text{km/h} = \frac{72 \times 1000\text{m}}{60 \times 60\text{s}} = \frac{20\text{m}}{\text{s}}$$

정답 23

54㎞/h＝15㎧

자동차는 처음 1초 동안 정확히 15m를 이동한다.

$$\frac{54 \times 1000\text{m}}{60 \times 60\text{s}} = \frac{15\text{m}}{\text{s}}$$

정답 24

모서리 길이를 늘이기 전

$6 \cdot (5 \cdot 5)\text{cm}^2 = 150\text{cm}^2$

모서리 길이를 늘인 후

$6 \cdot (6 \cdot 6)\text{cm}^2 = 216\text{cm}^2$

⇒ 둘의 차이 : 66cm^2

정답 **25**

$2\times(24\times36+24\times86+36\times86)$

$=12{,}048(cm^2)$

정답 **26**

162, 27 그리고 9는 모두 다 9로 나누어떨어지는 숫자이다. 즉, 이 문제의 정답도 9로 나누어떨어지는 숫자라는 뜻이다.

⇒ 이에 따라 간식거리의 무게는 총 1,467g이고, 괄호 안에 들어가야 할 숫자는 6이 된다.

정답 **27**

$2+3+5+7+11+13+17+19$

$+23+29+31+37+41+43+47$

$=328$

정답 **28**

1 $798=2\times3\times7\times19$

2 $3795=3\times5\times11\times23$

$\Rightarrow 2+3+7+19+3+5+11+23=73$

정답 **29**

(24,200유로 ÷5)×3=14,520유로

(24,200유로÷11)×4=8800유로

⇒ 24,200유로−14,520유로−8,800유로

=880유로

정답 **30**

$450\times\frac{1}{3}=150ml$

정답 **31**

1 $\frac{210}{350}=\frac{3}{5}$

2 $\frac{146}{365}=\frac{2}{5}$

3 $\frac{93}{124}=\frac{3}{4}$

$\Rightarrow 3+2+3=8$

정답 **32**

$\frac{11}{14}$는 정확히 $\frac{10}{14}$과 $\frac{12}{14}$의 중앙에 놓인 분수이다.

$\Rightarrow 11+14=25$

정답 **33**

공통분모: $7\times11\times4=308$

정답 **34**

$$\left(\frac{7}{12}-\frac{2}{5}\right)+\left(\frac{6}{5}-\frac{3}{4}\right)-\frac{4}{30}=\frac{1}{2}$$

$\Rightarrow 1+2=3$

정답 **35**

$$2\cdot39\frac{3}{5}\text{m}+2\cdot27\frac{1}{4}\text{m}-2\frac{3}{4}\text{m}$$

$$=130\frac{19}{20}\text{m}$$

$\Rightarrow 131\text{m}$

정답 **36**

1 $\frac{5}{7}\cdot\frac{9}{8}=\frac{45}{56}$

2 $\frac{9}{8}\cdot4=\frac{9}{2}$

3 $1\frac{3}{4}\cdot\frac{3}{11}=\frac{21}{44}$

$\Rightarrow 56+2+44=102$

정답 **37**

$39\frac{3}{5}\text{m}\cdot27\frac{1}{4}\text{m}=1{,}079.1\text{m}^2$

$\Rightarrow$ 1,079.1×45유로=48,559.50유로

정답 **38**

$$\frac{2}{5}\times\frac{3}{4}=\frac{6}{20}=\frac{3}{10}$$

$\Rightarrow 3+10=13$

정답 **39**

$$5\text{m}-1\frac{1}{4}\text{m}=3\frac{3}{4}\text{m}=\frac{15}{4}\text{m}$$

$$\frac{1}{3}\cdot\frac{15}{4}\text{m}=\frac{5}{4}\text{m}$$

$\Rightarrow 5+4=9$

정답 **40**

1 $\frac{4}{7}\div\frac{2}{11}=\frac{22}{7}$

2 $\frac{14}{27}\div\frac{35}{63}=\frac{14}{15}$

3 $6\frac{6}{7}\div9\frac{3}{14}=\frac{32}{43}$

$\Rightarrow 7+15+43=65$

정답 41

$$\frac{1-\frac{1}{4}}{1+\frac{1}{4}}=\frac{3}{5}$$

$\Rightarrow 3+5=8$

정답 42

$84\frac{1}{2}\text{m}\div 6\frac{1}{2}\text{m}=13$

⇒ 양쪽에 각기 14그루의 나무를 심어야 하므로, 총 28그루를 심어야 한다.

정답 43

$$\frac{\frac{15}{28}\div\frac{75}{84}-\frac{11}{16}\times\frac{48}{121}}{\frac{21}{55}\div\frac{231}{330}-\frac{15}{36}\div\frac{75}{72}}=\frac{9}{4}$$

$\Rightarrow 4+9=13$

정답 44

$$x-\frac{5}{8}x-\left(x-\frac{5}{8}x\right)\times\frac{1}{3}=40$$

$\Rightarrow x=160$

정답 45

1 $7.6\times1.3=9.88$

2 $8.56\times2.6=22.256$

3 $34.65\times0.71=24.6015$

$\Rightarrow 9.88+22.256+24.6015$

$=56.7375$

$\fallingdotseq 57$

정답 46

1.25유로×35.8유로=44.75유로

정답 47

$51.75\div5.75=5{,}175\div575=9$

정답 48

$12{,}817.5\div51.27=250$

⇒ 기차로 가면 250초가 소요된다.

정답 49

$\frac{5}{7}=0.714285$

$\Rightarrow 7+1+4+2+8+5=27$

정답 50

$2,563$초 $\times 300,000$km/h $= 768,900$km

$768,900\text{km} \div 2 = 384,450\text{km}$

⇒ 지구에서 달까지의 거리는 약 384,450km이다.

정답 51

$12\text{cm} \times 4\text{cm} \times 9\text{cm} = 432\text{cm}^3$

정답 52

수족관 바닥의 면적:

$$75\text{cm} \times 70\text{cm} = 525\text{cm}^2$$

$1417.5\text{cm}^3 \div 525\text{cm}^3 = 27\text{cm}$

⇒ 물의 높이는 27cm이다.

정답 53

$V = 1100\text{cm} \times 500\text{cm} \times 170\text{cm}$

$= 935000\text{cm}^3$

⇒ 시간: $\dfrac{935000\text{cm}^3}{275\,\text{cm}^3/\text{분}} = 3,400$분

정답 54

그림자와 실제 신장의 비율: $\dfrac{2.4\text{m}}{1.6\text{m}} = 1.5$

⇒ 타워 그림자의 길이:

$$52\text{m} \times 1.5\text{m} = 78\text{m}$$

정답 55

우유 2.5리터는 330센트이고, 라즈베리 주스 1.5리터는 750센트, 4리터는 1,080센트이다.

1,080센트 $\div 20 = 54$센트

⇒ 따라서 라즈베리 밀크 한 컵은 54센트이다.

정답 56

전등 1개가 1시간당 2.5센트

⇒ 8개의 전등을 5시간 동안 켜 놓을 경우: 총 100센트

정답 57

일꾼 한 명의 하루 일당은 25유로이다.

⇒ 따라서 일꾼 20명이 35일 동안 일할 경우 임금의 총합은 17,500유로가 된다.

정답 58

(42.50유로÷85)×100=50유로

정답 59

$\left(\frac{1}{2}\right)^3 = 0.125$

⇒ 따라서 총 부피는 87.5%로 줄어든다.

정답 60

210,000유로×1.19=249,900유로

⇒ 249,900유로×0.97=242,403유로

정답 61

1,600유로×0.06=96유로

⇒ 96유로÷0.08=1,200유로

정답 62

출발 상황:

$$\frac{6}{12} \cdot \text{원금} \cdot 0.065,\ \frac{5}{12} \cdot \text{원금} \cdot x$$

등식: $\frac{6}{12} \cdot \text{원금} \cdot 0.065 = \frac{5}{12} \cdot \text{원금} \cdot x$

$x = \frac{6}{12} \cdot \frac{5}{12} \cdot 0.065 = 0.078$

⇒ 이자율은 7.8%가 되어야 한다.

정답 63

$-15+56-69-357+482-268-174$

$=345$

정답 64

$(-6)\times(+5)\times(-2)-(+3)\times4\times(-8)$

$=60-(-96)$

$=+156$

정답 65

$$\left(-\frac{3}{5}\right) \div \frac{2}{5} - \left(+\frac{2}{3}\right) \div \left(-\frac{5}{6}\right)$$

$= 1\frac{1}{2} + \frac{4}{5}$

$=-\frac{7}{10}$

정답 66

$-[13-(5+2a)-9a]-(11a-7)=-1$

정답 67

$12x \times 2y + x \times (-3y) + (-4x) \times y - 8xy = 9xy$

$\Rightarrow 9 \times 1 \times 2 = 18$

정답 68

니나: x, 엄마: $3x$

$x + 3x = 48$

$x = 12$

$\Rightarrow$ 엄마는 36세이다.

정답 69

$-x - 4 = 61 - 14x$

$13x = 65$

$\Rightarrow x = 5$

정답 70

동물의 마릿수:

소는 x마리, 닭은 $35 - x$마리

다리의 개수: 소는 $4x$개, 닭은 $2(35 - x)$

$4x + 2(35 - x) = 94$

$x = 12$

$\Rightarrow$ 이에 따라 해당 농장에서 키우는 닭은 총 $(35 - 12) = 23$마리가 된다.

재미있는
수학 문제들
정답

정답 1

코르넬리스: $4x$, 니나: x

$4x-12=x$

$3x=12$

$x=4$

⇒ 코르넬리스는 16km를 달렸다.

정답 2

건물 면적:

$25\text{m}\times7\text{m}+18\text{m}\times7\text{m}=301\text{m}^2$

대지 면적:

$30\text{m}\times12\text{m}+18\text{m}\times12\text{m}=576\text{m}^2$

⇒ 녹지 면적: $576\text{m}^2-301\text{m}^2=275\text{m}^2$

정답 3

$1.216\text{ha}=12{,}160\text{m}^2$

$12{,}160\text{m}^2\div320\text{m}^2=38$

⇒ 샤르테 선생님에게는 최대 37명의 이웃 가구가 있을 수 있다.

정답 4

1 2시간 19분+7시간 20분−5시간 32분−22분=3시간 45분

2 2m 3dm+55cm−12m+4.7m−5,550mm=−10m

3 7kg 580g−740g−675g−1kg 180g+15g=5kg

정답 5

1 $6-2^5\times3=-90$

2 $(8-2^3)\div(2+2)^2=0$

3 $(8-2)^3\div(2+2^2)=36$

정답 6

$(0.8)^3=0.512$

⇒ 3년 뒤 자동차의 가치는 51.2%로 줄어든다.

정답 7

$50 \times (x+30) = 60 \times x$

$10x = 1{,}500$

$x = 150$

⇒ 원래 크루즈선에 타고 있던 사람은 총 150명이었다.

정답 8

1 $\left(0.8\text{kg의 } \frac{1}{3}\right)$의 $20\% = 0.04\text{kg} = 40\text{g}$

2 $\left(1\text{시간의 } \frac{3}{4}\right)$의 $33\frac{1}{3}\% = 15$분

정답 9

1 $[a^2 \cdot (a \cdot b)] \cdot b^3 \cdot 7 = 7a^3b^4$

2 $(a+b)^2 \cdot a + a^3 - 5b^2 \cdot a - a^2b$

$= 2a^3 + a^2b - 4ab^2,$

3 $x^4 \div x^2 - x^3 \div x^2 - x^3 \div x - x^3 \div x^2$

$= x^2 - x - x^2 - x$

$= -2x$

정답 10

45분−4분×13배속=−7분.

⇒ 비디오테이프를 7분 동안 앞으로 되감아야 한다.

정답 11

$(2x+3)^2 = 4x^2 + 12x + 9$

$(c2 - 1.5)^2 = c4 - 3c^2 + 2.25$

$(v^3 - 4)(4 + v^3) = v^6 - 16$